"十二五"普通高等教育本科国家级规划教材配套参考书

大学计算机上机实验指导与测试

（第7版）

龚沛曾 杨志强 主编

朱君波 李湘梅 肖杨 编

高等教育出版社·北京

内容提要

本书是与龚沛曾、杨志强主编的《大学计算机（第7版）》配套使用的上机实验指导与测试，是在第6版基础上，吸纳近几年以计算思维为切入点的教学改革成果修订而成的。

本书的目标是提高教学实效，培养学生计算机实践、逻辑思维和解决问题的能力，适用于普通高等学校大学计算机基础第一门课程的教学。全书分为三篇：实验篇、测试篇和补充篇。实验篇根据教学要求安排了丰富实用的实验，共8个单元，以提高学生的基本操作技能和应用能力。测试篇与教材同步，安排了9个单元的基本概念和综合应用的测试，以巩固和综合应用所学的内容。补充篇是为兼顾不同高校的教学需要而增加的。

本书可作为"大学计算机基础"课程的辅导教材使用。

图书在版编目（CIP）数据

大学计算机上机实验指导与测试/龚沛曾，杨志强主编. --7版. --北京：高等教育出版社，2017.9（2019.8重印）

ISBN 978-7-04-048345-1

Ⅰ.①大… Ⅱ.①龚… ②杨… Ⅲ.①电子计算机-高等学校-教学参考资料 Ⅳ.①TP3

中国版本图书馆CIP数据核字（2017）第195852号

Daxue Jisuanji Shangji Shiyan Zhidao yu Ceshi

| 策划编辑 | 耿 芳 | 责任编辑 | 耿 芳 | 封面设计 | 张志奇 | 版式设计 | 童 丹 |
| 插图绘制 | 杜晓丹 | 责任校对 | 胡美萍 | 责任印制 | 刘思涵 | | |

出版发行	高等教育出版社	网　址	http://www.hep.edu.cn
社　　址	北京市西城区德外大街4号		http://www.hep.com.cn
邮政编码	100120	网上订购	http://www.hepmall.com.cn
印　　刷	山东鸿君杰文化发展有限公司		http://www.hepmall.com
开　　本	850mm×1168mm 1/16		http://www.hepmall.cn
印　　张	12.75	版　次	1998年12月第1版
字　　数	240千字		2017年 9月第7版
购书热线	010-58581118	印　次	2019年 8月第6次印刷
咨询电话	400-810-0598	定　价	25.00元

本书如有缺页、倒页、脱页等质量问题，请到所购图书销售部门联系调换

版权所有　侵权必究

物 料 号　48345-00

数字课程资源使用说明

与本书配套的数字课程资源发布在高等教育出版社易课程网站，请登录网站后开始课程学习。

一、注册/登录

访问 http://abook.hep.com.cn/18610200，点击"注册"，在注册页面输入用户名、密码及常用的邮箱进行注册。已注册的用户直接输入用户名和密码登录即可进入"我的课程"页面。

二、课程绑定

点击"我的课程"页面右上方"绑定课程"，正确输入教材封底防伪标签上的20位密码，点击"确定"完成课程绑定。

三、访问课程

在"正在学习"列表中选择已绑定的课程，点击"进入课程"即可浏览或下载与本书配套的课程资源。刚绑定的课程请在"申请学习"列表中选择相应课程并点击"进入课程"。

四、与本书配套的易课程数字课程资源包括实验素材等，以便读者学习使用。

账号自登录之日起一年内有效，过期作废。

如有账号问题，请发邮件至：abook@hep.com.cn。

前 言

  本书是与龚沛曾、杨志强主编的"十二五"普通高等教育本科国家级规划教材《大学计算机》（第7版）配套的上机实验指导与测试教材。

  近几年来，计算机基础教育发生了深刻的变化，一方面以计算思维为切入点提升了课程内涵，另一方面基于 MOOC/SPOC + 混合教学模式的理论与实践已经成熟，提高了教学成效。我们根据教育部大学计算机课程教学指导委员会于2015年制定的《大学计算机基础课程教学基本要求》的有关精神，修订出版了《大学计算机》（第7版）。为此，本书根据主教材的修订情况，对原有内容进行梳理、精简和更新，增加了新技术应用的实践，加强了问题求解和算法的训练。

  全书分为三篇：实验篇、测试篇和补充篇。实验篇安排了8个单元，用于培养计算机应用能力和计算思维能力，既为兼顾计算机零基础大学生而保留了办公软件实验，又补充了有关新技术的实验；测试篇安排了9个单元，用于巩固学习的基础知识和理论知识；补充篇考虑到有些高校需要多媒体技术的相关实践因而补充了 Flash 动画制作，最后是两套模拟测试试卷。

  教师在制定实验方案时，可以根据学生的基础进行适当的调整，基本技能训练可以自主学习与实验驱动讲解相结合，重点在电子表格、数据库查询、网页设计和问题求解与算法，以提高教学效率和质量。

  与本书配套的集试题录入、组卷、考试、阅卷于一体的考试系统网址是 http://202.120.167.124。

  全书由龚沛曾、杨志强主编，朱君波、李湘梅、肖杨参编，教研室的陆慰民、孙丽君、丛培盛、陆有军、高枚、李洁、陈宇飞等老师对全书的修改提出许多宝贵建议，在此一并表示感谢！也深深感谢国内各高校的专家、同仁、一线教师长期以来对我们工作的信任和支持！

  使用本书的学校可与作者联系索取相关的教学资料，E‐mail 地址为 gongpz@163.com 或 yzq98k@163.com，也可访问国家精品课程网站 http://202.120.165.61。

  由于作者水平有限，书中难免有不足之处，恳请各位读者和专家批评、指正！

主　编

2017年6月

目 录

实 验 篇

1 操作系统基础 …………………… 3
   实验一 Windows 的基本使用 ……… 4
   实验二 文件和磁盘的管理 ………… 8

2 字处理软件 Word 2010 …………… 15
   实验一 Word 文档的基本操作和
           排版 …………………… 16
   实验二 表格 ……………………… 21
   实验三 图文混排 ………………… 24
   实验四 高级应用 ………………… 29

3 电子表格软件 Excel 2010 ………… 35
   实验一 公式和函数 ……………… 36
   实验二 数据图表化 ……………… 41
   实验三 数据管理 ………………… 44

4 演示文稿软件 PowerPoint 2010 … 49
   实验一 演示文稿的建立 ………… 50
   实验二 幻灯片的动画、超链接和
           多媒体 ………………… 54

5 数据库技术基础 ………………… 57
   实验一 表的建立和维护 ………… 58
   实验二 查询、窗体和报表的
           创建 …………………… 61

6 计算机网络基础与应用 ………… 65
   实验一 信息浏览和检索 ………… 66
   实验二 网页设计 ………………… 70
   实验三 Web 服务器的配置和
           使用 …………………… 74

7 多媒体技术基础 ………………… 77
   实验一 Flash 基本动画制作 …… 78
   实验二 Flash 综合动画制作 …… 81

8 问题求解与算法 ………………… 85
   实验一 简单问题求解 …………… 86
   实验二 选择控制结构算法 ……… 87
   实验三 循环控制结构算法 ……… 89

测 试 篇

9 计算机文化与计算思维基础 …… 93
10 计算机系统 ……………………… 99
11 操作系统基础 …………………… 105
12 数制和信息编码 ………………… 111
13 数据处理 ………………………… 119

14 数据库技术基础 ………………… 131
15 计算机网络基础 ………………… 139
16 信息浏览和发布 ………………… 145
17 算法和程序设计语言 …………… 153

补 充 篇

18　Flash 动画制作 …………… 161
　18.1　Flash 动画基础 …………… 162
　　18.1.1　动画基本概念 ………… 162
　　18.1.2　Flash 的界面组成 ……… 162
　　18.1.3　基本图形的绘制 ……… 163
　　18.1.4　Flash 基本术语 ………… 166
　18.2　基本动画制作 …………… 169
　　18.2.1　时间轴操作 …………… 169
　　18.2.2　图层操作 ……………… 171
　　18.2.3　Alpha 通道应用 ………… 173
　　18.2.4　添加音效 ……………… 174
　18.3　综合应用和发布 ………… 175
　　18.3.1　综合应用 ……………… 175
　　18.3.2　发布 …………………… 176

附录 …………………………… 179
　附录1　大学计算机课程模拟测试
　　　　（A 卷）………………… 179
　附录2　大学计算机课程模拟测试
　　　　（B 卷）………………… 186

实验篇

1 操作系统基础

实验一　Windows 的基本使用

一、实验目的

1. 掌握 Windows 7 的基本操作。
2. 掌握 Windows 7 的程序管理。

二、实验内容

1. 桌面设置。

（1）桌面个性化设置。

① 设置"自然"为桌面主题，并将桌面背景更改图片时间间隔设置为 1 分钟。

② 在计算机图片库中任意选择一张图片作为桌面背景。

③ 选用"变幻线"屏幕保护程序，等待时间为 1 分钟。

④ 桌面上若没有"计算机""网络""控制面板"图标，则通过设置显示。

【提示】 在桌面的快捷菜单中选择"个性化"命令。

（2）当前屏幕分辨率为_____。

【提示】 在桌面的快捷菜单中选择"屏幕分辨率"命令。

（3）当前颜色质量为_____。若当前颜色质量为"真彩色（32 位）"，则设置为"增强色（16 位）"；否则设置为"真彩色（32 位）"。

【提示】 在"屏幕分辨率"对话框中选择"高级设置"，再选择"监视器"选项卡。

（4）启动"记事本"和"画图"程序，对这些窗口进行层叠窗口、堆叠显示窗口、并排显示窗口操作。

【提示】 在任务栏的属性窗口中选择有关命令。

2. 设置任务栏。

（1）取消或设置锁定任务栏。

（2）取消或设置自动隐藏任务栏。

【提示】 在任务栏的属性窗口中进行设置。

3. 使用 Windows 帮助和支持系统。

（1）将 Windows 帮助系统中"安装 USB 设备"帮助主题的内容按文本文件的格式保存到桌面，文件名为 Help1.txt。

(2) 将 Windows 帮助系统中"打开任务管理器"帮助主题的内容按文本文件的格式保存到桌面,文件名为 Help2.txt。

4. "Windows 任务管理器"的使用。

(1) 启动"画图"程序,然后打开"Windows 任务管理器"窗口,记录系统如下信息。

① CPU 使用率:_____。

② 内存使用率:_____。

③ 系统当前进程数:_____。

④ "画图"的线程数:_____。

【提示】选择"进程"选项卡,然后通过"查看"|"选择列"命令设置显示线程数,如图 1.1 所示。

图 1.1　设置显示进程数

(2) 通过"Windows 任务管理器"终止"画图"程序的运行。

5. 在桌面上建立快捷方式。

(1) 为"Windows 资源管理器"建立一个名为"资源管理器"的快捷方式。

(2) 为 Microsoft Excel 创建快捷方式。

(3) 为 D:盘建立快捷方式。

(4) 为 Windows\Web\Wallpaper 中的文件"img9.jpg"创建快捷方式。

【提示】利用桌面快捷菜单中的"新建"命令。

6. 回收站的使用和设置。

(1) 删除桌面上已经建立的"资源管理器"快捷方式。

【提示】按 Delete 键或选择其快捷菜单中的"删除"命令。

(2) 恢复已删除的"资源管理器"快捷方式。

【提示】 先打开"回收站",然后选定要恢复的对象,单击"文件"|"还原"命令。

(3) 永久删除桌面上的"Help1.txt"文件对象,使之不可恢复。

【提示】 按住 Shift 键时删除文件将永久删除文件。

(4) 设置各个驱动器的回收站容量。C:盘回收站的最大空间为 10 000 MB,其余磁盘的回收站空间为 5 000 MB。

【提示】 通过回收站的属性窗口设置。

7. 查看并记录"Internet 信息服务"组件的安装情况,如表 1.1 所示。请在相应的单元格内打钩。

▶表 1.1 "Internet 信息服务"组件的安装情况

项　目	全部安装	部分安装	没有安装
FTP 服务器			
Web 管理工具			
万维网服务			

【提示】 使用"控制面板"|"程序"|"打开或关闭 Windows 功能"程序。

8. 查看并记录下列系统信息。

(1) Windows 版本:_____。

　　　　　　　□ 32 位　　□ 64 位

(2) CPU 型号:_____。

(3) 内存容量:_____。

(4) 计算机名称:_____。

(5) 工作组:_____。

【提示】 使用"控制面板"中的"系统"工具或者通过"计算机"属性窗口查看。

9. 页面文件名称为_____,大小为_____。

10. 创建一个新用户 Test,授予计算机管理员权限,并且用自己的学号设置密码。

【提示】 使用"控制面板"中的"用户账户"工具。

11. 压缩软件的使用。

(1) 若计算机没有安装 WinRAR,则下载并且安装。

(2) 利用 WinRAR 压缩任意一个文件夹。

12. 云盘(网盘)的使用。

(1) 查询常用云盘的网址。

① 百度网盘:_____。

② 360 云盘：_____。

（2）申请一个百度云盘。

（3）任意上传一个文件，最后以加密的形式分享出去。

（4）下载相邻同学以加密的形式分享出来的文件。

13. 云服务的使用。

（1）查询常用云服务的网址。

① 阿里云：_____。

② 华为云：_____。

③ 百度云：_____。

（2）了解申请一个云服务器时所需要的参数。

实验二　文件和磁盘的管理

一、实验目的

1. 掌握文件和文件夹的常用操作。
2. 掌握磁盘管理的方法。

二、实验内容

假定 Windows 安装在 C：盘。

1. 设置文件夹选项。
（1）显示隐藏的文件、文件夹或驱动器。
（2）隐藏受保护的操作系统文件。
（3）隐藏已知文件类型的扩展名。
（4）在同一个窗口中打开每个文件夹或在不同窗口中打开不同的文件夹。
【提示】在"工具"菜单中选择"文件夹选项"命令。

2. 浏览 Windows 主目录。
（1）分别选用小图标、列表、详细信息、内容等方式浏览 Windows 主目录，观察各种显示方式之间的区别。
【提示】在"查看"菜单中选择相关命令。
（2）分别按名称、大小、类型和修改时间对 Windows 主目录进行排序，观察 4 种排序方式的区别。
【提示】在"查看"菜单中选择"排序方式"命令。

3. 浏览硬盘，在表 1.2 中记录有关 C：盘的信息。

▶表 1.2　C：盘有关信息

项　　目	信　　息
文件系统类型	
可用空间	
已用空间	
容量（总的空间）	

4. 每一个用户都有自己独立的"文档"和桌面，而且都对应一个文件夹，请记录下当前用户的"文档"和桌面对应的文件夹及其路径。

（1）桌面：_____。

（2）"文档"：_____。

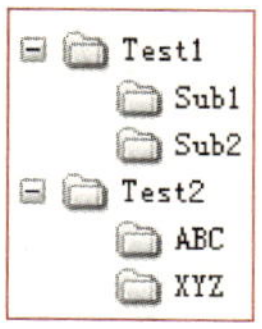

图 1.2　文件夹结构

5. 在 C：盘根目录下创建如图 1.2 所示的文件夹和子文件夹。

6. 文件的创建、移动和复制。

（1）在桌面上，用记事本建立文本文件 T1.txt，然后在桌面的快捷菜单中选择"新建"|"文本文档"命令创建文本文件 T2.txt。两个文件的内容任意输入。

（2）将桌面上的 T1.txt 复制到 C:\Test1。

（3）将桌面上的 T1.txt 复制到 C:\Test1\Sub1。

（4）将桌面上的 T1.txt 复制到 C:\Test1\Sub2。

（5）将桌面上的 T2.txt 移动到 C:\Test2\ABC。

（6）将 C:\Test1\Sub2 文件夹移动到 C:\Test2\XYZ 中。要求移动整个文件夹，而不是仅仅移动其中的文件，即 Sub2 成为 XYZ 的子文件夹。

（7）将 C:\Test1\Sub1 用其快捷菜单中的"发送"命令发送到桌面上，观察在桌面上创建了文件夹还是文件夹快捷方式。

7. 文件的删除，回收站的使用。

（1）删除桌面上的文件 T1.txt。

（2）恢复刚刚被删除的文件。

（3）用 Shift+Delete 键删除桌面上的文件 T1.txt，观察是否送到回收站。

8. 查看 C:\Test1\T1.txt 文件属性，并把它设置为"只读"和"隐藏"。

9. 搜索文件或文件夹，要求如下。

（1）查找 C：盘上所有扩展名为 txt 的文件。

【提示】搜索时，可以使用"?"和"*"。"?"表示任意一个字符，"*"表示任意一个字符串。在该题中应输入"*.txt"作为文件名。

（2）查找 C：盘上文件名中第 3 个字符为 a，扩展名为 jpg 的文件。

【提示】搜索时输入"??a*.jpg"作为文件名。

（3）查找文件中含有文字"Windows"的所有文件。

（4）查找 C：盘上在本周内修改过的所有 DOC 文件。

（5）查找计算机上文件大小是 1~16 MB 之间的文件。

10. 观察并记录当前系统中磁盘的分区信息，如表 1.3 所示。

▶ 表1.3 磁盘分区信息

存　储　器		盘　符	文件系统类型	容　量
磁盘 0	主分区 1			
	主分区 2			
	主分区 3			
	扩展分区			
CD – ROM				

【提示】单击"控制面板"|"管理工具"|"计算机管理"命令，在弹出的"计算机管理"窗口中选择"磁盘管理"选项。

11. 将 U 盘上所有文件和文件夹复制到硬盘，然后格式化 U 盘，并用自己的学号设置卷标号，最后将文件再次复制回 U 盘上。

注意：U 盘不能处于写保护状态，不能有打开的文件。

12. 进入"设备管理器"窗口，记录下列信息。

（1）DVD/CD – ROM 的型号：＿＿＿＿＿＿＿＿＿＿＿＿。

（2）显示适配器的型号：＿＿＿＿＿＿＿＿＿＿＿＿。

（3）网卡（以太网适配器）的型号：＿＿＿＿＿＿＿＿＿＿＿＿。

（4）是否有设备存在问题？＿＿＿＿＿（有或没有）。

13. 启动"磁盘碎片整理程序"，分析 C：盘，查看报告。

（1）C：盘文件碎片：＿＿＿＿＿＿％。

（2）若时间允许，对 C：盘进行碎片整理。

注意：碎片整理时间较长。

14. 启动"磁盘清理"程序，尝试对 C：盘进行清理，查看下列可释放的文件大小。

（1）已下载的程序文件：＿＿＿＿＿＿。

（2）Internet 临时文件：＿＿＿＿＿＿。

（3）脱机网页：＿＿＿＿＿＿。

（4）回收站：＿＿＿＿＿＿。

注意：一般来说，大学公共机房中计算机安装了写保护卡，不必进行清理。

15. 启动或取消 Windows 防火墙。

【提示】通过"控制面板"|"系统和安全"|"Windows 防火墙"进行设置。

16. 画图程序及图像文件格式。

(1) 按 PrtScn (Print Screen) 键将当前屏幕复制到剪贴板。

(2) 启动"画图"程序，将剪贴板上的屏幕图像粘贴到窗口中。

(3) 以 Test 为文件主名分别用 24 位位图、JPEG 和 GIF 文件类型保存，3 种文件类型如图 1.3 所示。

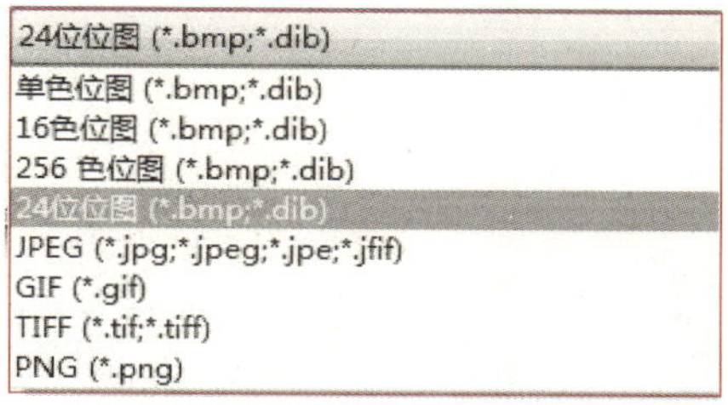

图 1.3　画图程序文件保存类型

(4) 观察并且记录 3 个文件的大小、压缩比和质量，填在表 1.4 中。

说明：

① 24 位位图是没有压缩的原始图像，JPEG 和 GIF 是压缩的图像，观察 JPEG 和 GIF 图像是否失真，表格中只需填写没有失真或明显失真。

② 压缩比是指 JPEG 和 GIF 文件与 24 位位图相比的压缩比率，格式如 10:1。

文　件	文件大小	压缩比	图像质量（失真）
Test.bmp			
Test.jpg			
Test.gif			

◀表 1.4　图像文件的大小、压缩比和质量

17. UltraEdit 软件及字符信息编码。

UltraEdit 是一套功能强大的文本编辑器，可以用来查看字符编码。

(1) 启动"记事本"程序，输入如图 1.4 所示的内容，分别以 ANSI、Unicode、UTF-8 编码保存，如图 1.5 所示，对应的文件名为 ANSI.txt、Unicode.txt、UTF-8.txt。

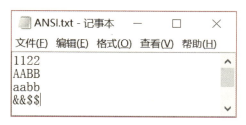

图 1.4　文件内容

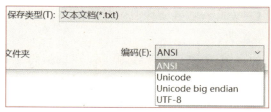

图 1.5　记事本编码类型

(2) 从互联网（如百度软件中心）下载、安装并且运行 UltraEdit 软件。

(3) 在 UltraEdit 中打开 ANSI.txt 文件，选择"编辑"命令，在功能区中选择"十六进制模式"，就可以看到各个字符的 ANSI 编码，如图 1.6 所示。将各个字符的 ANSI 编码填写在表 1.5 中。

说明：在 ANSI 编码中，西文字符使用 ASCII 码占一个字节；中文字符使用机内码，占两个字节。

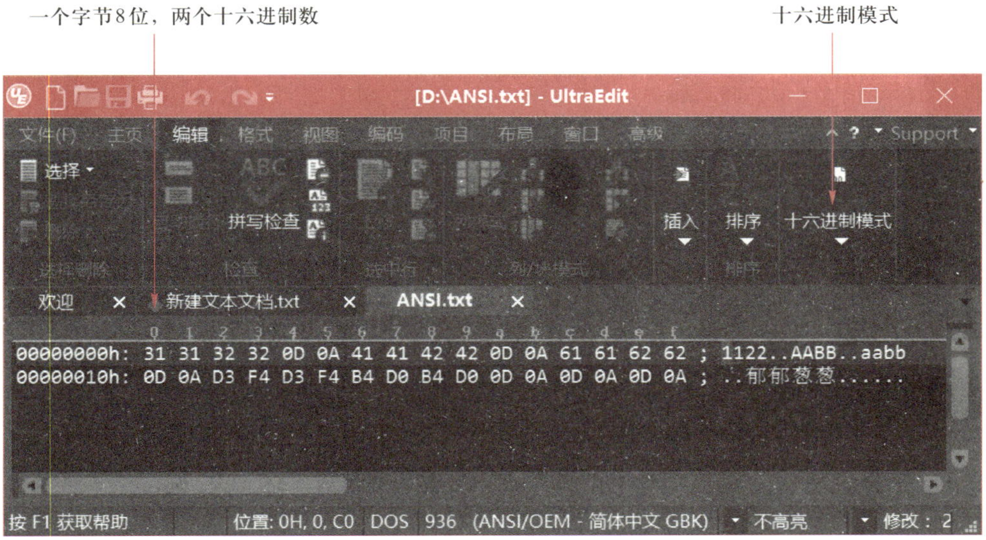
一个字节8位，两个十六进制数
十六进制模式
[D:\ANSI.txt] - UltraEdit
文件(F) 主页 编辑 格式 视图 编码 项目 布局 窗口 高级
Support
选择
拼写检查
插入
排序
十六进制模式
欢迎
新建文本文档.txt
ANSI.txt
00000000h: 31 31 32 32 0D 0A 41 41 42 42 0D 0A 61 61 62 62 ; 1122..AABB..aabb
00000010h: 0D 0A D3 F4 D3 F4 B4 D0 B4 D0 0D 0A 0D 0A 0D 0A ; ..郁郁葱葱......
按 F1 获取帮助
位置: 0H, 0, C0 DOS 936 (ANSI/OEM - 简体中文 GBK)
不高亮
修改：2

图 1.6　字符的 ANSI 编码

▶表 1.5 字符的 ANSI 编码

字符	1	2	A	B	a	b	郁	葱	回车	换行
ANSI 编码（十六进制）										

（4）在 UltraEdit 中打开 Unicode. txt 文件，选择“编辑”命令，在功能区中选择“十六进制模式”，就可以看到各个字符的 Unicode 编码，如图 1.7 所示。将各个字符的 Unicode 编码填在表 1.6 中。

说明：

① 前两个字节 FFFE 表示文件的编码是 Unicode。

② 在 Unicode 编码中，所有字符使用两个字节，存储时为了读写方便低字节在前，高字节在后。例如，“1”的 Unicode 编码是 00 31（H），存储时 00 在前，31 在后，即 31 00（H）。

▶表 1.6 字符的 Unicode 编码

字符	1	2	A	B	a	b	郁	葱	回车	换行
Unicode 编码（十六进制）										

1 操作系统基础

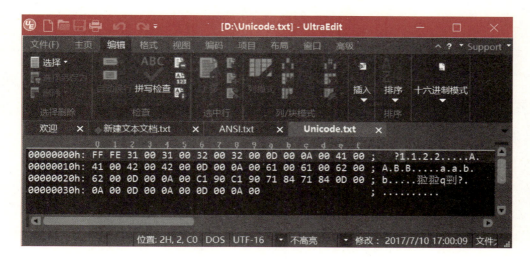

图 1.7 Unicode 编码

（5）使用上述方法查看自己姓名的机内码和 Unicode 码。

姓名：_____；

机内码：_____；

Unicode 码：_____。

2
字处理软件 Word 2010

实验一　Word 文档的基本操作和排版

一、实验目的

1. 熟悉 Word 2010 窗口中各功能区的功能和使用。
2. 掌握文档的建立、保存与打开的方法。
3. 掌握文档的基本编辑，包括删除、修改、插入、复制和移动等操作。
4. 熟练掌握文档编辑中的快速编辑方法：文本及格式的查找与替换。
5. 掌握文本、段落的格式化。
6. 掌握项目符号和编号、分栏等操作。
7. 掌握文档不同的显示方式。

二、实验内容

> 实验素材：
> W1.docx

1. 打开素材中的 W1.docx 文件，按照以下要求操作，最终以 W1 -学号.docx 保存，效果如样张所示。

2. 字符格式设置。将所有正文文字设置为小四号字、首行缩进两个汉字；文章第 1 段为楷体；以后 3 节标题设置为黑体、三号字、加粗；3 节内容的字体依次为宋体、隶书和微软雅黑。

3. 标题样式设置。

（1）在文本的最前面插入一行标题"诺贝尔奖和居里家族"，并将其设置为"标题 3"样式，分散对齐。

（2）通过"字体"组的"拼音指南"按钮对标题加拼音字母，拼音为 10 磅大小，拼音居中，如图 2.1 所示。

4. 查找与替换操作。

（1）除了首行大标题外，将"诺贝尔奖"替换为"Nobel Prize"，并将其设置为红色字、加着重号。

（2）将文章中的所有数字设置为西文字体 Arial Black。

【提示】

① 要替换"诺贝尔奖"，只要选定待替换的文本区域，然后单击"开始"｜"编辑"｜"替换"按钮，在打开的"查找和替换"对话框的"替换"选项卡中的"查找内容"文本框中输入"诺贝尔奖"，在"替换为"文本框中输入"Nobel Prize"，单击

"格式"下拉按钮选择"字体"命令,设置替换为的字体颜色为"红色",加着重号。

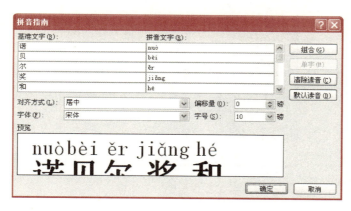

图 2.1 加拼音对话框

② 要将所有数字改为西文字体"Arial Black",只要在"查找和替换"对话框中先将插入点定位在"查找内容"文本框中,单击"特殊格式"下拉按钮,选择"任意数字"命令,这时在"查找内容"文本框显示"^#"符号,表示任意数字。然后将插入点定位在"替换为"文本框中,单击"格式"下拉按钮后选择"字体"命令,在其对话框中进行格式设置,如图 2.2 所示。

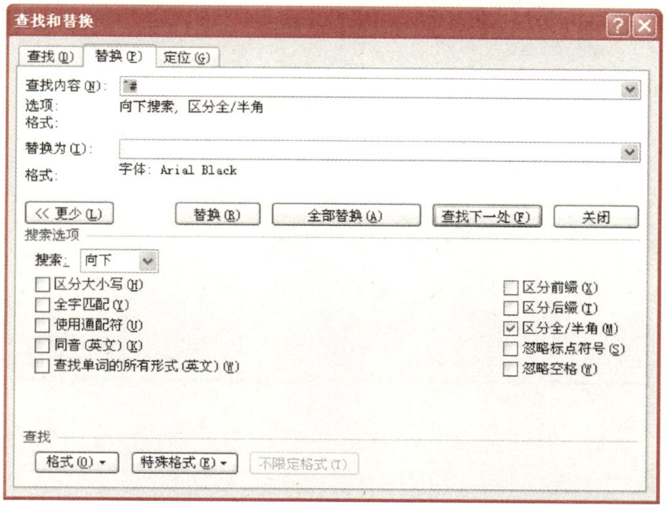

图 2.2 "查找和替换"对话框

5. 分栏。

对"二、学生时代"的第 1 段内容进行二分栏,栏宽不等。第 1 栏宽度为 16 字符,间距为两个字,加分隔线,如图 2.3 所示。对第 3 段的内容进行三分栏。

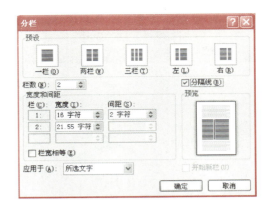

图 2.3 "分栏"对话框

6. 边框和底纹。

（1）对第 1 节的第 2 段加红色阴影边框、3 磅粗。通过"段落"组的"边框和底纹"下拉按钮，选择"边框和底纹"命令来实现。

（2）对第 2 节的第 3 段加底纹，填充蓝色；图案选样式 12.5%，颜色为黄色。设置如图 2.4 所示。

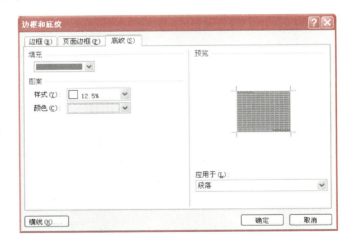

图 2.4 "边框和底纹"对话框

7. 项目符号。将最后一段内容按句号分为 3 段，加"❖"的项目符号。

【提示】对于"❖"项目符号可以使用"段落"组的"项目符号"下拉列表，如图 2.5 所示。单击"定义新项目符号"命令，打开如图 2.6 所示的"定义新项目符号"对话框，单击"符号"按钮，打开如图 2.7 所示的"符号"对话框，选择"Wingdings"列表项，可找到所需的项目符号。

图 2.5 "项目符号"列表

图 2.6 "定义新项目符号"对话框

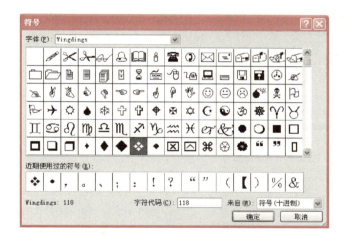

图 2.7 "符号"对话框

8. 页眉和页脚。在文章的页眉处插入可更新的系统日期和时间。单击"插入"｜"页眉和页脚"｜"页眉"按钮，在下拉列表中选择"编辑页眉"命令，打开"页眉和页脚工具｜设计"选项卡，如图 2.8 所示。

图 2.8 "页眉和页脚工具｜设计"选项卡

9. 分页。在第 2 节的第 3 段前插入分页符，使得第 3 段在第 2 页显示。
10. 将排版好的内容以"W1－学号.docx"文件名保存。

三、样张

2017年3月17日星期日

诺(nuò) 贝(bèi) 尔(ěr) 奖(jiǎng) 和 居(jū) 里(lǐ) 家(jiā) 族(zú)

Nobel Prize 是根据瑞典化学家阿尔弗雷德•诺贝尔的遗嘱所设立的奖项。他于 1833 年生于斯德哥尔摩，1896 年 12 月 10 日去世时将遗产大部分作为基金，每年以其利息奖给前一年在物理学、化学、生理学或医学、文学及和平方面对人类做出巨大贡献的人士。因为 1976 Nobel Prize 的奖章。Nobel Prize

自从 1901 年 12 月 10 日第一次颁发以来，已经走过了 110 多个年头。百余年来，为数众多的获奖者也在 Nobel Prize 的历史上留下了深深的烙印。

一、居里家族的 Nobel Prize

法国籍波兰裔科学家居里夫人是第一位获得 Nobel Prize 的女性，也是第一位两次在不同领域获得 Nobel Prize 的人。1903 年，她和丈夫皮埃尔•居里共同获得物理学奖，1911 年她又单独获得化学奖。

> 居里家族的成就不止于此。就是她们的大女儿伊雷娜，又在 1935 年和丈夫约里奥共同获得诺贝尔化学奖。次女艾芙，音乐家、传记作家，其丈夫曾以联合国儿童基金组织总干事的身份荣获 1956 年诺贝尔和平奖。

二、学生时代

玛丽•居里 1867 年 11 月 7 日生于波兰华沙的一个正直、爱国的教师家庭。她自小就勤奋好学，16 岁时以金奖毕业于中学。

因为当时俄国沙皇统治下的华沙不允许女子入大学，加上家庭经济困难，玛丽只好只身来到华沙西北的乡村做家庭教师。

1889 年她回到了华沙，继续做家庭教师。有一次她的一个朋友领她到实业和农业博物馆的实验室。在这里她发现了一个新天地，实验室使她着了迷。以后只要有时间，她就来实验室，沉醉在各种物理和化学的实验中。她对实验的特

1892 年，在姐夫和姐姐的帮助下，通过攒到巴黎求学的尼姆，来到巴黎大学理学院。她攻读物理学、因而学习非常吃力，但她决心很大。每天起来只在火炉上升一个小时，她甚至不买被褥，只在床垫上并上了一个大衣，依靠它一点光明，一个月仅40多元的她，对攻读

1893 年，她成了第一名的成绩毕业于物理系。第二年又以第二名的成绩毕业于该校，同时获得了巴黎大学数学和物理学的学士学位。

三、勤奋

玛丽的勤勉、好学和聪慧，使她赢得了李普曼教授的器重。在荣获物理学硕士学位后，她来到了李普曼教授的实验室，开始了她的科研活动。就在这里，她结识了年轻的物理学家皮埃尔•居里（亦译彼埃尔•居里、比埃尔•居里）。

皮埃尔•居里 1859 年生于巴黎一个医生的家庭。幼年时，因为他具有独特的富于想象的性格，他父亲没有把他送进学校，而是在家里自行施教。这种因材施教使彼埃尔 16 岁通过了中学的毕业考试，18 岁通过了大学毕业考试并获得了理科硕士学位。19 岁被聘任为巴黎大学理学院德山教授的助手。他和他那同是理科硕士的哥哥雅克一起研究，1880 年发现了电解质晶体的压电效应。1883 年年仅 24 岁的皮埃尔被任命为新成立的巴黎市理化学校的实验室主任。当他与玛丽相识时，他已是一位有作为的物理学家了。

- ❖ 由于志趣相投、相互敬慕，玛丽和皮埃尔之间的友谊发展成爱情。
- ❖ 1895 年他们结为伉俪，组成一个志同道合、和睦相亲的幸福家庭。
- ❖ 繁忙的家务及 1897 年出生的女儿并没有阻碍这对热爱科学的夫妇，特别是作为母亲和主妇的玛丽，她一直坚持着学习和科研。

实验二 表格

一、实验目的

1. 熟练掌握表格的建立及内容的输入。
2. 熟练掌握表格的编辑和格式化。

二、实验内容

1. 建立如图 2.9 所示的课程表,并以 W2 – 学号.docx 为文件名保存。

图 2.9 课程表样例

(1) 建立图 2.9 所示的表格可通过"插入"选项卡的"表格"组,有以下 3 种方式。

① 根据需要拖曳出行、列数,如图 2.10(a)所示。

② 单击"插入表格"命令,在打开的对话框中输入所需的行、列数,如图 2.10(b)所示。

③ 单击"绘制表格"命令直接画自由表格,如图 2.10(c)所示。这时显示"表

格工具|设计"选项卡,如图 2.11 所示,鼠标以一支笔的形状 显示,直接画线,或用 按钮删除线。

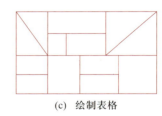

(a) 拖曳　　　　　　　　(b) "插入表格"对话框　　　　　(c) 绘制表格

图 2.10　表格的 3 种建立方法

图 2.11　"表格工具|设计"选项卡

(2) 编辑表格。

① 本题的表格是一个有规律与无规律表格的结合,可先建立一个 6 行、7 列的有规律表格,然后利用"表格工具"|"设计"|"绘图边框"组的 、 按钮来调整表格。或利用快捷菜单(如图 2.12 所示)中的"合并单元格"或"拆分单元格"命令等来实现表格的调整操作。

② 表头列标题的斜线可通过"绘制表格"命令,鼠标指针变为 形状后直接画出。表格的列标题"星期、时间"是通过在两行(按 Enter 键)中分别输入各自内容后再进行右对

图 2.12　快捷菜单编辑表格

齐、左对齐来实现的。

③ 课程表中的学校图标的绘制。在与 Internet 连接的情况下，通过 IE 浏览器输入学校的网址，一般在学校的首页有图标，将鼠标指针指向该图标后右击，通过快捷菜单中的"图片另存为"命令保存为一个图片文件，然后在 Word 中通过"插入"｜"插图"｜"图片"命令选择插入该图片文件。

（3）格式化表格。对表格进行边框线和底纹的格式化，可通过快捷菜单中的"边框和底纹"命令，打开如图 2.13 所示对话框，设置线的样式和粗细等。

图 2.13 "边框和底纹"对话框

（4）表格内容对齐。可通过快捷菜单（如图 2.12 所示）中的"单元格对齐方式"子菜单选择相应的对齐方式即可。

（5）将绘制的表格以 W2 - 学号 . docx 文件保存。

实验三　图文混排

一、实验目的

1. 熟练掌握插入图片、图片编辑、格式化的方法。
2. 掌握绘制简单的图形和格式化方法。
3. 掌握艺术字体的使用方法。
4. 掌握公式编辑器的使用方法。
5. 掌握文本框的使用方法。
6. 掌握图文混排的基本方法。

二、实验内容

1. 打开素材中的 W1.docx 文件，并以 W3 - 学号.docx 为文件名保存在当前文件夹中，然后将 W3 - 学号.docx 文件中的"二、学生时代"内容删除。

2. 插入艺术字。按样张大小和位置放置倒 V 型、深红色、加边框线的艺术字"诺贝尔奖"。

3. 插入图片。

图片素材：诺贝尔.jpg

（1）在第 1 段正文前插入素材中的"诺贝尔.jpg"图片，按样张格式化和布局图片。

【提示】插入的图片是嵌入图，不能随意定位，需改为浮动图，方法为右击图片，在弹出的快捷菜单中选择"大小和位置"命令，打开"布局"对话框，选择"文字环绕"选项卡，将"嵌入型"改为"四周型"即浮动图。

将图片形状改为椭圆形，可选中该图片，选择"格式"选项卡"图片样式"组的"柔化边缘椭圆"样式即可，如图 2.14 所示。

图 2.14　"图片样式"组

图片素材：居里夫人与女儿.jpg 和居里夫妇.jpg

（2）插入图片"居里夫人与女儿.jpg"，按样张设置图片样式和布局。

【提示】在图 2、14 中的图片样式中选择"圆形对角，白色"样式。

（3）插入"居里夫妇.jpg"图片，按样张裁剪掉多余的画面，缩小到80%，选择"金属圆角矩形"图片样式和布局。

【提示】对图片裁剪可右击图片，弹出如图2.15所示的快捷菜单，单击"裁剪"按钮，鼠标指针变为裁剪状态，指向图片选中时的八个方向之一，进行拖曳就可进行相应的裁剪，如图2.16所示。也可通过"设置图片格式"的"裁剪"选项卡输入需裁剪的值进行裁剪。

图2.15 快捷菜单

图2.16 裁剪图示

4. 设置水印。将插入的"诺贝尔奖.jpg"图片设为水印，图片放大250%。

【提示】单击"页面布局"｜"页面背景"｜"水印"下拉列表，选择"自定义水印"命令，进行所需的设置。

5. 首字下沉。按样张对"玛"字下沉4行，字体为华文新魏、加粗。

6. 插入如下数学公式。

$$s=\sqrt{\frac{x-y}{x+y}}+\int_{-3}^{8}(\sin^2 x)\,dx-\sum_{i=1}^{100}i$$

【提示】插入数学公式利用"插入"选项卡的"符号"组，打开"公式"下拉列表，可以选择系统提供的各种公式。也可以通过"插入新公式"打开公式设计界面，在"公式工具"｜"设计"｜"符号"组和"结构"组中选择相应的元素建立所需的公式。

在公式输入时，插入点光标的位置很重要，它决定了当前输入内容在公式中所处的位置，通过在所需的位置单击光标来改变其位置。

7. 绘制图形。在正文后单击"插入"｜"插图"｜"形状"按钮，绘制如样张所示的流程图，并将其组合。

【提示】将流程图的各个图形组合成一个整体，首先要选中所有的图形，方法是按住Ctrl键，然后单击各个图形。或者单击"开始"｜"编辑"｜"选择"下拉列表，选中"选择窗格"命令，此窗格列出本页所有绘制的图形，如图 2.17 所示。选中所有图形右击，在弹出的快捷菜单（如图 2.18 所示）中选择"组合"命令。若要对组合图中的某个图形进行编辑，可先选择"取消组合"命令，进行编辑后再组合。

图 2.17　打开选择窗格和选组合对象

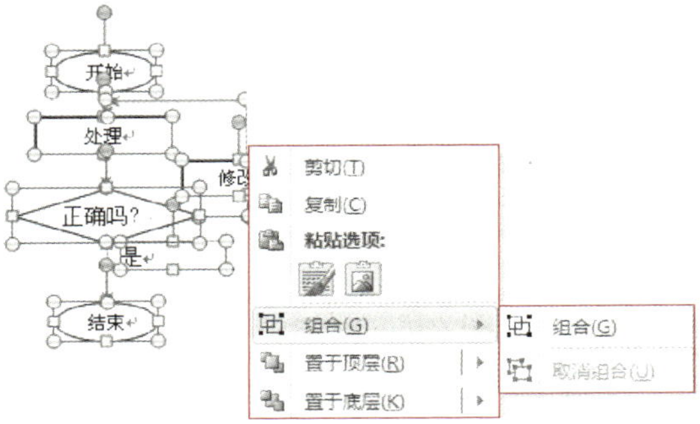

图 2.18　快捷菜单

8. 文件的插入。将前面制作保存的课程表文件 W2－学号.docx 文件插入到文档的最后。

【提示】单击"插入"|"文本"|"对象"下拉列表，选择"文件中的文字"命令，如图 2.19 所示。在打开的"插入文件"对话框中选择"W2－学号.docx"文件。

图 2.19　插入"对象"下拉列表

9. 图文混排整体效果。

（1）按照样张对小标题加边框，设置黑体字、四号字，样式如下。

居里家族的诺贝尔奖

（2）对文档最后分别加艺术字：公式、流程图和表格。格式和排版见样张。

三、样张

诺贝尔奖

是根据瑞典化学家阿尔弗雷德·诺贝尔的遗嘱所设立的奖项。他于1833年生于斯德哥尔摩，1896年12月10日去世时将遗产大部分作为基金，每年以其利息奖给前一年在物理学、化学、生理学或医学、文学及和平方面对人类做出巨大贡献的人士。

图为1976年诺贝尔奖的奖章。诺贝尔奖自从1901年12月10日第一次颁发以来，已经走过了110多个年头。百余年来，为数众多的获奖者也在诺贝尔奖的历史上留下了深深的烙印。

居里家族的诺贝尔奖

法国籍波兰裔科学家居里夫人是第一位获得诺贝尔奖的女性，也是第一位两次在不同领域获得诺贝尔奖的人。1903年，她和丈夫皮埃尔·居里共同获得物理学奖，1911年她又单独获得化学奖。

居里家族的成就不止于此。就是她们的大女儿伊雷娜，又在1935年和丈夫约里奥共同获得诺贝尔化学奖。次女艾芙，音乐家、传记作家，其丈夫曾以联合国儿童基金组织总干事的身份荣获1956年诺贝尔和平奖。

玛丽的勤勉、好学和聪慧，使她赢得了李普曼教授的器重。在荣获物理学硕士学位后，她来到了李普曼教授的实验室，开始了她的科研活动。就在这里，她结识了年轻的物理学家皮埃尔·居里（亦译彼埃尔·居里、比埃尔·居里）。

皮埃尔·居里1859年生于巴黎一个医生的家庭。幼年时，因为他具有独特的富于想象的性格，他父亲没有把他送进学校，而是在家里自行施教。这种因材施教使彼埃尔16岁通过了中学的毕业考试，18岁通过了大学毕业考试并获得了理科硕士学位，19岁被聘任为巴黎大学理学院德山教授的助手。他和他那同是理学硕士的哥哥雅克一起研究，1880年发现了电解质晶体的压电效应，1883年年仅24岁的皮埃尔被任命为新成立的巴黎市理化学校的实验室主任。当他与玛丽相识时，他已是一位有作为的物理学家了。

由于志趣相投、相互敬慕，玛丽和皮埃尔之间的友谊发展成爱情。1895年他们结为伉俪，组成一个志同道合、和睦相亲的幸福家庭。繁忙的家务及1897

年出生的女儿并没有阻碍这对热爱科学的夫妇,特别是作为母亲和主妇的玛丽,她一直坚持着学习和科研。

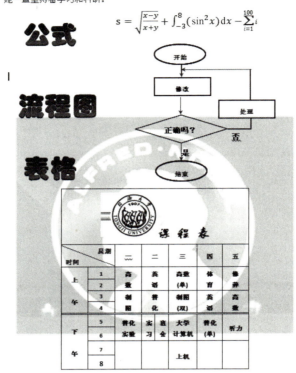

实验四　高级应用

一、实验目的

1. 掌握对长文档自动生成目录。
2. 利用邮件合并功能批量生成准考证。
3. 掌握对文档的打印。

二、实验内容

1. 自动生成长文档。

经过对 Word 字处理软件的学习和使用，读者已初步掌握了利用计算机对文字进行排版的方法。本实验以一个长文档作为前面学习知识的综合应用，并以论文排版作为应用来完成所规定的格式要求。论文之类的长文档排版是一项非常有用的工作，对每个学生来说，毕业论文内容的撰写很重要，但论文的版式也影响着论文的美观性。

本例将"文字处理软件 Word 2010"的部分文字内容作为排版的素材，按照学校论文规定的格式（可根据各自学校的规定进行相应修改）进行排版，自动生成目录后完整地打印装订。

> 实验素材：
> 长文档

（1）论文版面总要求。

① "页面"大小 A4 纸，设置左、右页边距各为 3 厘米；页眉页脚各为 3.5 厘米；文章内容行距为"单倍行距"。

② "页眉"放学校的校徽和学校校名；"页脚"居中放页码。

③ "图号"以"章号.序列号"编号（例图 1.3，表示第 1 章的第 3 幅图），"图题"在图的下方居中。"表号"与图号编号相似（例表 1.3，表示第 1 章的第 3 张表），"表题"在表的左上方。

④ 引文要有脚注，在每页的底端。

⑤ 论文使用三级标题：章为"标题 1"样式，节为"标题 2"样式，小节为"标题 3"样式。

【提示】

① 标题 1、标题 2、标题 3 样式可使用 Word 给出的标题样式，也可根据 Word "标题 1"样式新建对应的样式 $i(i=1,2,3)$。三级标题的样式一定要先设置好，然后对文档进行格式化，这样有利于为下面目录的自动生成打好基础。

② 新建样式的方法如下。

- 打开"样式"任务窗格("样式"组的右下角图标),如图 2.20 所示。
- 单击新建样式按钮,弹出"根据格式设置创建新样式"对话框,对"名称""样式基准""格式"等进行所需的设置,如图 2.21 所示。更细化的格式设置可单击"格式"按钮。

图 2.20 "样式"任务窗格

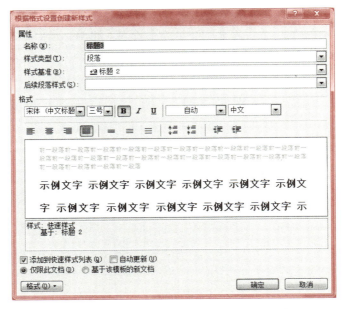

图 2.21 "根据格式设置创建新样式"对话框

（2）生成三级目录。对论文进行排版，并对正文加页码（从 1 开始编号）后，就可以生成目录。

【提示】

① 在生成目录前，先根据原设置好的三级标题，通过大纲视图观察目录的层次结构，若不符合要求，可进行相应的修改。

② 生成目录的方法是，将插入点定位在正文的最前面，单击"引用"|"目录"下拉列表，选择"插入目录"命令，弹出"目录"对话框，如图 2.22 所示，系统按三级标题建立目录。可通过"选项"按钮在"目录选项"对话框（如图 2.23 所示）中进行有效样式与目录级别的设置。

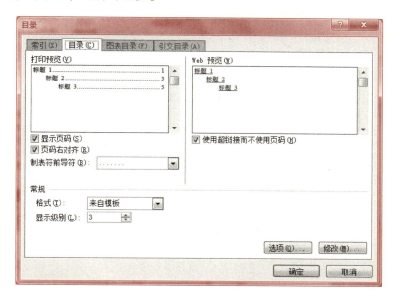

图 2.22 "目录"对话框

图 2.23 "目录选项"对话框

通过上述方式生成的目录如图 2.24 所示。

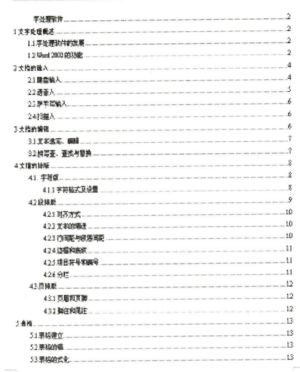

图 2.24　生成目录效果

2. 利用邮件合并功能批量生成准考证。

（1）准备数据源。用 Excel 建立的数据源如图 2.25 所示，其中照片存放在指定的文件夹内。

实验素材：
数据源 Excel 表

	A	B	C	D	E	F
1	科目	准考证号	姓名	考试日期	机器号	照片
2	VB程序设计	140012	王平	2015年6月3日8:00	1	d:\\照片\\140012.jpg
3	VB程序设计	140014	王一梅	2015年6月3日8:00	3	d:\\照片\\140014.jpg
4	C程序设计	141015	费红梅	2015年6月4日10:00	1	d:\\照片\\141015.jpg
5	C程序设计	141016	李力	2015年6月4日10:00	2	d:\\照片\\141016.jpg
6	C程序设计	141017	苏明明	2015年6月4日10:00	3	d:\\照片\\141017.jpg

图 2.25　用 Excel 建立的数据源

（2）制作主文档。新建空白 Word 文档，以表格形式制作准考证，输入不变的内容，形成准考证模板（主文档）。

（3）数据源与主文档合并，主文档中插入可变的合并域。光标定位在主文档待插

入合并域处，单击"邮件"|"开始邮件合并"|"选择收件人"下拉按钮，选择"使用现有列表"命令，选择已建立的数据源（如图 2.25 所示）。然后单击"邮件"|"编写和插入域"|"插入合并域"下拉按钮，逐一在不同处插入合并域，如图 2.26 所示。

【提示】本实验的难点是照片的处理，处理的方法如下。

① 数据源中存放的是照片所在的文件夹，文件夹、文件名之间的分隔符用连续两个反斜杠"\\"分隔。

② 将光标定位于放"照片"的单元格内，按 Ctrl + F9 键来插入域，此时单元格内会出现一对大括号，在其中输入"INCLUDEPICTURE"{MERGEFIELD 照片}""（不含外边引号），注意：其中第二个大括号也是通过按 Ctrl + F9 键来插入的，如图 2.26 所示。

③ 单击最右侧的"完成并合并"按钮，将根据数据源中的记录数来批量制作"准考证"，并重新生成 Word 文档，如图 2.27 所示，然后直接打印即可。

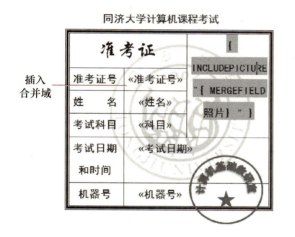

图 2.26　建立的主文档和插入的合并域

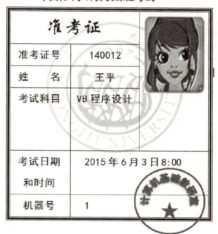

图 2.27　合并后生成的新文档

注意：如若新生成的文档中没有显示图片或所有的图片显示的是一个人，可以按 Ctrl + A 键全选，然后按 F9 键对文档进行刷新。

3 电子表格软件 Excel 2010

实验一 公式和函数

一、实验目的

1. 掌握工作表中数据的输入方法。
2. 掌握数据的编辑方法。
3. 掌握公式和函数的使用方法。
4. 掌握工作表格式化的方法。
5. 掌握对页面的页眉和页脚等设置方法。

二、实验内容

1. 建立工作表，输入数据。启动 Excel，在空白工作表中输入以下数据（见图 3.1），并以 E1－学号.xlsx 为文件名保存。

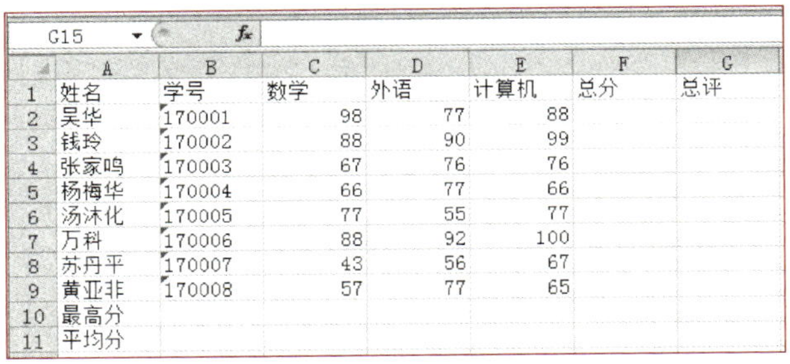

G15

	A	B	C	D	E	F	G
1	姓名	学号	数学	外语	计算机	总分	总评
2	吴华	170001	98	77	88		
3	钱玲	170002	88	90	99		
4	张家鸣	170003	67	76	76		
5	杨梅华	170004	66	77	66		
6	汤沐化	170005	77	55	77		
7	万科	170006	88	92	100		
8	苏丹平	170007	43	56	67		
9	黄亚非	170008	57	77	65		
10	最高分						
11	平均分						

图 3.1 工作表数据输入

【提示】学号为数字字符型，输入时在数字前加单引号（'），即 '170001，则显示形式为 170001。输入两个学号后，选中这两个单元格，使用填充柄，如图 3.2 所示，垂直拖曳到最后学生，产生若干个有规律的学号。

2. 利用公式和函数进行计算。

（1）按照样张，先计算每个学生的总分，再求出各科目的最高分、平均分，利用填充柄提高效率。

【提示】可打开“开始”选项卡“编辑”组的“自动求和”下拉列表，显示常用的函数，如图 3.3 所示。也可直接输入公式实现，例如求“数学”的最高分，光标单击 C10 单元格，在编辑栏中可直接输入求最大值的公式，如图 3.4 所示。

图 3.2　使用填充柄

图 3.3　"自动求和"下拉列表

图 3.4　在编辑栏中输入公式

（2）对每个人的学习成绩进行总评，优秀生条件为高于平均分 10%。

【提示】在图 3.3 中选择"其他函数"命令，弹出"插入函数"对话框，选择逻辑类 IF 函数。第一个学生的总分存放在 F2 单元格中，总评结果放在 G2 单元格中，使用的函数和参数如图 3.5 所示，其余学生的总评通过填充柄方式实现。

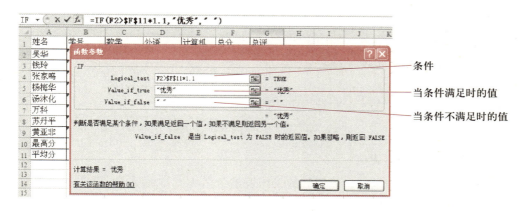
图 3.5　IF 函数使用例

注意：在 Value_if_false 列表框应按空格键，表示不满足优秀条件的学生评价栏以空白显示；否则将显示 False。设置条件高于平均分 10%，这时引用存放平均分单元格的地址必须是绝对地址引用（本例为 \$F\$11）；否则使用填充柄对其他学生评价时将显示全部是优秀的情况，为什么？请读者分析其原因。

（3）嵌套 IF 的使用。将"数学"百分制成绩转换成五级制。

【提示】先选取学生姓名和数学成绩，复制到 J1 单元格开始处。转换工作通过嵌套 IF 语句实现，函数调用如图 3.6 所示的编辑栏。

（4）统计优秀生人数，并按样张显示相应的文字。

【提示】结果存放在 G12 单元格，通过 COUNTIF 函数（如图 3.7 所示）。要显示相应的文字，在 E12 单元格输入文字，通过选中两个单元格（E12 和 F12）进行跨列居中操作。

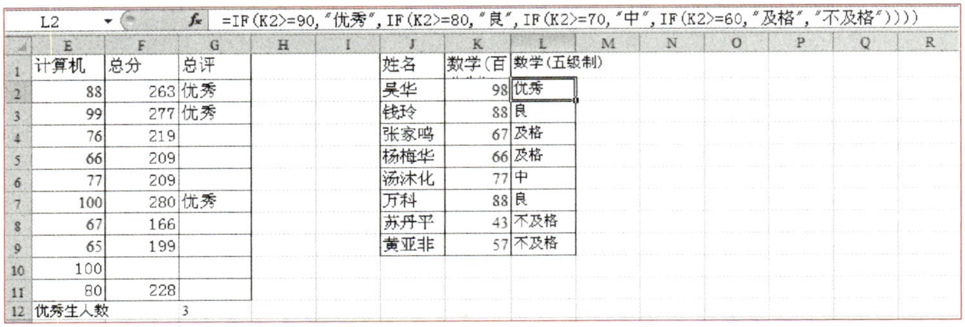

图 3.6　嵌套 IF 条件函数使用例

图 3.7　COUNTIF 函数使用例

（5）总分排名。对第 1 个学生排名，总分在 F2 单元格，名次结果放在 H2 单元格，通过 RANK 函数来实现，如图 3.8 所示。排序范围要使用绝对地址，其余学生的排序名次通过填充柄来实现。

图 3.8　总分排名例

3．工作表编辑和格式化。

（1）将整个工作表复制，复制后的工作表重命名为"成绩表"，可右击工作表标签处，在弹出的快捷菜单中选择"重命名"命令，如图 3.9 所示。以下对"成绩表"进行格式化操作。

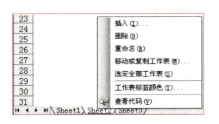

图 3.9　工作表标签和快捷菜单

（2）在表格上方插入表标题并进行格式化，包括表格标题、列标题、边框线、字体、对齐方式等，效果见样张。

【提示】

① 第一行表标题先在 A1 单元格输入，居中等格式化操作占用 8 列（栏）。实际标题内容显示在最左单元格，然后选中 8 列，右击，在弹出的快捷菜单中选择"设置单元格格式"命令，在弹出的"设置单元格格式"对话框的"对齐"选项卡的"水平对齐"列表框中选择"跨列居中"选项。字体格式设置为华文彩云、24 磅大小。

② 将表格内 A～H 各栏列宽设置为 10，J～L 各栏列宽设置为 12。表格列标题行行高设置为 40，图案样式为 12.5%。平均分保留 1 位小数。表格设置外框双线、内框单线。

③ 将优秀生信息转置复制到 A15 单元格开始处，删除多余的内容。套用表格样式为"表样式浅色 7"。

转置是指将表格转 90°，即行变列、列变行。实现的方法是选中待复制的表格区域进行复制，将插入点定位到目标区起始单元格，单击"开始"|"剪贴板"|"粘贴"下拉列表，选择"选择性粘贴"命令，弹出"选择性粘贴"对话框，选中"转置"复选框，如图 3.10 所示。仅保留优秀生的情况是通过删除非优秀生的单元格来实现的。

（3）设置条件格式。将所有学生所有课程中不及格的成绩以灰色底纹显示。

【提示】这是关于条件格式的设置。操作方法是选中所有课程的成绩，单击"开始"|"样式"|"条件格式"下拉列表，如图 3.11 所示。选择"突出显示单元格规则"子菜单中的"其他规则"命令，在弹出如图 3.12 所示的对话框中输入条件，并在"格式"按钮打开的对话框中进行底纹设置，效果见样张。

图 3.10 "选择性粘贴"对话框

图 3.11 "条件格式"下拉列表

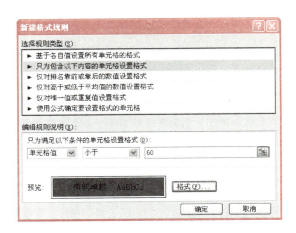

图 3.12　设置条件和格式

（4）对表格中列标题分两行显示，如"数学（百分制）"的实现方法为选中单元格，右击，在弹出的快捷菜单中选择"设置单元格格式"命令，打开"设置单元格格式"对话框，在"对齐"选项卡的"文本控制"中选中"自动换行"复选框。

4．将结果以 E1－学号.xlsx 保存。

三、样张

E1－学号.xlsx 的"成绩表"工作表样张。

实验二 数据图表化

一、实验目的

1. 掌握嵌入图表和独立图表的创建方法。
2. 掌握图表的整体编辑和对图表中各对象的编辑方法。
3. 掌握图表的格式化方法。

二、实验内容

1. 打开保存的 E1 - 学号.xlsx 文件,并以 E2 - 学号.xlsx 为文件名保存。对 E2 - 学号.xlsx 文件中的 Sheet1 表保留原始数据,删除统计结果,进行以下各项操作。

2. 选中表格中的数据,在当前工作表 Sheet1 中创建嵌入的柱形图图表,图表标题为"学生成绩表"。

【提示】

① 选中要绘图的数据后单击"插入"|"图表"组对话框启动器,弹出"插入图表"对话框,选择绘图的类型和子类型,如图 3.13 所示。

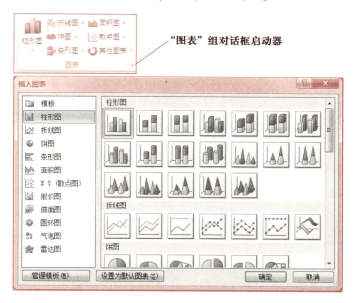

图 3.13 "插入图表"对话框

② 对图表、坐标轴分别加标题,可在"图表工具|布局"选项卡的"标签"组中选择要加标题的按钮,如图 3.14 所示。

图 3.14 "图表工具"活动选项卡

3. 对 Sheet1 中创建的嵌入图表进行如下编辑操作。

（1）将该图表移动、放大到 A10：G26 区域。

（2）图表中将计算机与外语的数据系列次序对调。

【提示】右击数据，弹出快捷菜单，选择"选择数据"命令，如图 3.15 所示。弹出"选择数据源"对话框，如图 3.16 所示，单击▲或▼按钮进行数据系列的上移或下移。

图 3.15　快捷菜单　　　　图 3.16　"选择数据源"对话框

（3）利用"添加数据标签"命令（如图 3.15 所示）为图表中"计算机"的数据系列增加以值显示的数据标记。

【提示】对图表编辑，首先要搞清楚图表中的各个对象，选中所需的对象后通过快捷菜单进行相应的操作。

4. 对 Sheet1 中创建的嵌入图表进行如下格式化操作。

（1）图表标题设置为黑体、20 磅。X 坐标轴标题设置为 12 磅、宋体。

（2）图表边框线设置为 5 磅粗、红色、三线。

（3）图例边框设置为 2 磅粗、红色，带外部"右下斜偏移"阴影。

（4）背景墙的区域填充设置为渐变填充，预设颜色为"雨后初晴"。

【提示】以上操作对象不同，菜单也不同，最为方便的方法是选中对象右击，在弹出的快捷菜单中选择所需的命令。

5. 将建立的嵌入图复制到 A28 单元格开始的区域，并改为样张所示的折线图，图表整体样式选用如图 3.17 所示的样式。

图 3.17 "图表工具│格式"选项卡

6. 用"计算机"课程的部分学生成绩创建三维饼图。饼图上添加数据标签，对高分插入"形状"中的"云形标注"并添加文字。图表边框选用"图表工具│格式"│"形状样式"│"形状效果"下拉列表中"发光"中的 红色, 18 pt 发光, 强调文字颜色 2 选项。图例为 10 磅字。

7. 将 E2－学号.xlsx 文档同名保存。

三、样张

实验三　数据管理

一、实验目的

1. 掌握数据列表的排序和筛选方法。
2. 掌握数据的分类汇总方法。
3. 掌握数据透视表的操作方法。
4. 掌握页面设置的方法。

二、实验内容

1. 打开已建立的 E1-学号.xlsx 文件，复制表中数据，另存为 E3-学号.xlsx 文件，将复制的数据粘贴到 Sheet1 工作表中，在学号右侧增加"性别"和"专业"字段，内容如图 3.18 所示。将 Sheet1 中的数据复制到 Sheet2、Sheet3、Sheet4、Sheet5 工作表中，以便后面数据管理所用。所有操作都在 E3-学号.xlsx 文件中操作。

	A	B	C	D	E	F	G	H
1	姓名	学号	性别	专业	数学	外语	计算机	总分
2	吴华	120001	男	数学	98	77	88	263
3	钱玲	120002	女	物理	88	90	99	277
4	张家鸣	120003	男	物理	67	76	76	219
5	杨梅华	120004	女	数学	66	77	66	209
6	汤沐化	120005	男	计算机	77	55	77	209
7	万科	120006	男	计算机	88	92	100	280
8	苏丹平	120007	女	计算机	43	56	67	166
9	黄亚非	120011	女	物理	57	77	65	199

图 3.18　数据例

2. 对 Sheet2 工作表中的数据进行排序。数据按性别排列，男生靠前排，女生靠后排，性别相同的按总分降序排列。

【提示】单击"数据"|"排序和筛选"|"排序"按钮，打开"排序"对话框进行排序设置。汉字排序按汉字的拼音字母次序排序。对多个字段排序通过"添加条件"按钮来实现，如图 3.19 所示。

3. 对 Sheet3 工作表进行筛选操作。筛选出总分小于 200 或大于 270 的女生记录。

【提示】单击"数据"|"排序和筛选"|"筛选"按钮，数据标题出现下拉箭头，表示处于筛选状态。单击要筛选的字段下方的箭头，选择"数字筛选"子菜单的"自定义筛选"命令，打开"自定义自动筛选方式"对话框，根据条件进行相应的设置，如图 3.20 和图 3.21 所示。然后再对性别进行筛选。

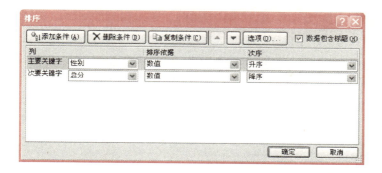

图 3.19 "排序"对话框

图 3.20 数据筛选子菜单

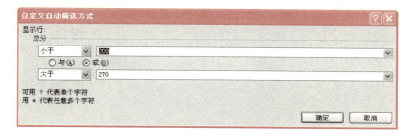

图 3.21 "自定义自动筛选方式"对话框

如果要去除筛选,单击"排序和筛选"组中的 清除按钮即可。

4. 对 Sheet4 工作表进行分类汇总操作。

(1) 按性别分别求出男生和女生的各科平均成绩。

【提示】对分类汇总,首先要对分类的字段进行排序,然后进行分类汇总;否则分类汇总无意义。其次要搞清楚三要素:分类的字段、汇总的字段和汇总的方式。本例分类字段为性别,对 3 门课程的成绩进行汇总,汇总的方式为求平均值,如图 3.22 所示。

图 3.22 "分类汇总"对话框

（2）在原有分类汇总的基础上，再汇总出男生和女生的人数。

【提示】在原有分类汇总的基础上再汇总，即嵌套分类汇总。这时只要在原汇总的基础上，再对汇总方式改为计数，汇总的字段选为除性别外的任意字段（若为性别，则原有统计的数据计数时就统计在内）进行汇总，然后将"替换当前分类汇总"复选框不选中，如图 3.23 所示。

图 3.23 嵌套分类汇总时"分类汇总"对话框设置

（3）按样张 Sheet4 所示，分级显示及编辑汇总数据。

5. 对 Sheet5 工作表建立数据透视表。

（1）建立样张所示的透视表 1。

【提示】

① 在 Excel 2010 中透视表建立没有了透视表向导功能，这一改变虽然更直观，但功能却减弱了，例如对同一字段的多种汇总方式不太好实现。

② 建立透视表同分类汇总相似，也要识表，要搞清分类的字段是什么，是按列还是

按行分类。其次搞清汇总的字段和汇总的方式。待建立的透视表设置如图 3.24 所示。

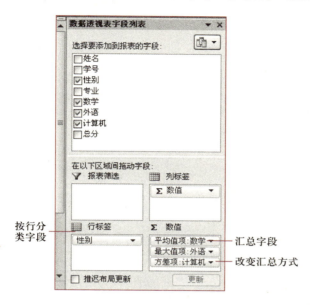

图 3.24 透视表的建立

注意：对于透视表中行标签的显示，在 Excel 2010 中可有不同的设置。例如对于建立的透视表 1，光标定位于该透视表，右击，在快捷菜单中选择"数据透视表选项"命令，打开对话框，在"显示"选项卡中将"经典数据透视表布局（启用网格中的字段拖放）"复选框选中，如图 3.25 所示，显示的效果见透视表 2 样张。

图 3.25 "数据透视表选项"对话框

(2) 建立样张所示的透视表 3。

三、样张

1. Sheet3 样张。

	A	B	C	D	E	F	G	H
1	姓名	学号	性别	专业	数学	外语	计算机	总分
3	钱玲	170002	女	物理	88	90	99	277
8	苏丹平	170007	女	计算机	43	56	67	166
9	黄亚非	170008	女	物理	57	77	65	199

2. Sheet4 样张。

	A	B	C	D	E	F	G	H
1	姓名	学号	性别	专业	数学	外语	计算机	总分
2	吴华	170001	男	数学	98	77	88	263
3	张家鸣	170003	男	物理	67	76	76	219
4	汤沐化	170005	男	计算机	77	55	77	209
5	万科	170006	男	计算机	88	92	100	280
6			4	男 计数				
7				男 平均值	82.5	75	85.25	
8	钱玲	170002	女	物理	88	90	99	277
9	杨梅华	170004	女	数学	66	77	66	209
10	苏丹平	170007	女	计算机	43	56	67	166
11	黄亚非	170008	女	物理	57	77	65	199
12			4	女 计数				
13				女 平均值	63.5	75	74.25	
14			8	总计数				
15				总计平均值	73	75	79.75	

3. Sheet5 透视表 1 样张。

	A	B	C	D
12	行标签	平均值项:数学	最大值项:外语	方差项:计算机
13	男	82.50	92.00	126.25
14	女	63.50	90.00	272.92
15	总计	73	92	205.64

4. 透视表 2 样张。

	A	B	C	D
18		值		
19	性别	平均值项:数学	最大值项:外语	方差项:计算机
20	男	82.50	92.00	126.25
21	女	63.50	90.00	272.92
22	总计	73	92	205.64

5. 透视表 3 样张。

	A	B	C	D
26	计数项	列标签		
27	行标签	男	女	总计
28	计算机	2	1	3
29	数学	1	1	2
30	物理	1	2	3
31	总计	4	4	8

4 演示文稿软件 PowerPoint 2010

实验一　演示文稿的建立

一、实验目的

1. 掌握利用"空白演示文稿"方法建立演示文稿的基本过程。
2. 掌握利用"主题"方法建立演示文稿的基本过程。
3. 掌握演示文稿格式化和美化的方法。

二、实验内容

1. 利用"空白演示文稿"建立演示文稿。建立具有 4 张幻灯片的自我介绍的演示文稿，每张幻灯片均采用"标题和内容"版式，结果以 P1 – 学号 . pptx 文件保存。要求如下。

（1）第 1 张幻灯片标题处填入"简历"，内容处填写从小学开始的简历。

（2）第 2 张幻灯片标题处填入所在的省市和高考时的中学学校名，下面放表格和图表，上下排列。其中上面建立一个表格，表格由 5 列、2 行组成，最左一列是高考科目和成绩，其余 4 列内容分别为高考的 4 个科目名称和高考成绩。下面内容为高考成绩以直方图显示。

【提示】

① 要显示直方图，需在内容中单击"插入"|"插图"|"图表"按钮，选择图表类型后系统以默认自带的数据显示该图，同时打开 Excel 显示系统自带的数据，只要将自己的数据替换系统数据即可。

② 显示的直方图中的数据是紧密连在一起的，要分隔只要选中图表右击，在弹出的快捷菜单中选择"设置数据系列格式"命令，打开其对话框，再拖曳"系列重叠"滑块由 0% 到 – 50% 左右，如图 4.1 所示。

（3）第 3 张幻灯片标题处填入"个人爱好和特长"，插入喜欢的图片或照片。插入文本框，以简明扼要的文字填写爱好和特长。

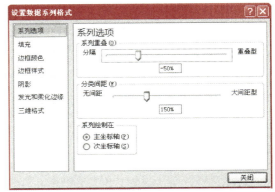

图 4.1　"设置数据系列格式"对话框

(4) 第 4 张幻灯片标题为"学校所在城市结构图",方法是使用"插入"|"插图"|"SmartArt"|"层次结构"中的"层次结构"图,填写高中所在地在全国所处的地理位置。

2. 对建立的幻灯片进行格式化。

(1) 演示文稿加入日期、页脚和幻灯片编号。使演示文稿中所显示的日期和时间会随着机器内时钟的变化而改变。幻灯片编号字号为 24 磅,并将其放在右下方。在"页脚区"输入作者名。

【提示】幻灯片编号设置单击"插入"|"文本"|"页眉和页脚"按钮,在弹出的"页眉和页脚"对话框中将幻灯片编号、日期和时间、页脚等复选框选中,如图 4.2 所示。

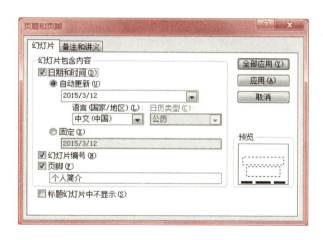

图 4.2 "页眉和页脚"对话框

(2) 利用幻灯片母版统一设置幻灯片的格式。对标题设置方正舒体、54 磅、粗体。在右上方插入学校校徽图片。背景样式为"样式 7"。

【提示】幻灯片母版作用于同一个版式的幻灯片。单击"视图"|"母版视图"|"幻灯片母版"按钮,对标题和背景样式按要求设置。插入所需的图片,单击"关闭母版视图"按钮后可看到格式设置作用于同一版式的幻灯片。

(3) 逐一设置格式。对第 1 张幻灯片的文本设置楷体、加粗、32 磅,段前 10 磅,项目符号选为"❈"。对第 2 张幻灯片的表格外框设置为 4.5 磅框线,内为 1.5 磅框线,表格内容水平、垂直居中。其余幻灯片从美观的角度进行格式化。

【提示】符号"❈"的实现:打开"项目符号和编号"对话框,单击"自定义"按钮,在弹出的"符号"对话框中"字体"列表框选择"Wingdings"选项,在下面的列表中找到符号"❈",如图 4.3 所示。

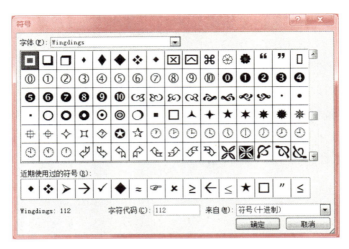

图4.3 "符号"对话框

3. 利用"主题"建立演示文稿。选择"主题"栏中喜欢的某个主题方案，建立现在所学的专业介绍演示文稿，结果以 P2－学号.pptx 文件保存在指定文件夹或其他存储介质中。

（1）第1张幻灯片封面的标题为目前就读的学校名，并插入学校的图标。副标题为专业名称。

（2）第2张幻灯片输入所学专业的特点和基本情况。

（3）第3张幻灯片输入本学期学习的课程名称、学分等基本信息。

【提示】单击"文件"│"新建"命令，在"可用的模板和主题"列表框中单击"主题"选项，如图4.4所示。打开"主题"对话框，选择喜欢的主题。

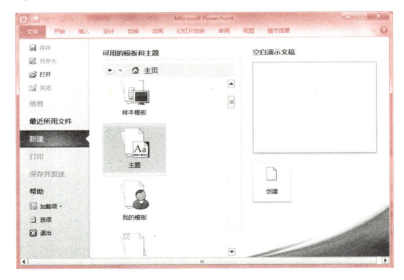

图4.4 "主题"方式建立演示文稿

称为"主题"实质是系统已经设计的由颜色、字体、图案和效果组合在一起的外观方案,"主题"可以帮助用户快速制作风格统一的演示文稿,每个方案以"方案名.thmx"保存。用"主题"方法建立的幻灯片与空白演示文稿方式建立的幻灯片相比而言,相同的是演示文稿都是空白的,内容要用户输入;不同的是前者有系统已经设计好的外观方案,后者没有。

三、样例

P1-学号.pptx 自我介绍样例。

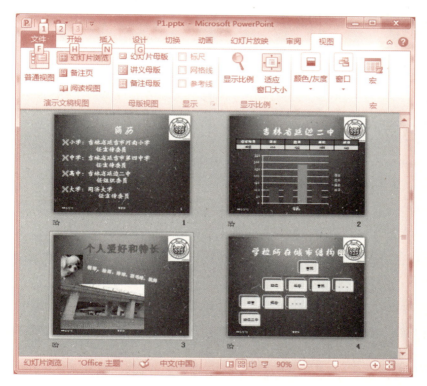

实验二　幻灯片的动画、超链接和多媒体

一、实验目的

1. 掌握幻灯片的动画技术。
2. 掌握幻灯片的超链接技术。
3. 掌握幻灯片的声音插入方法。
4. 掌握放映演示文稿的方法。

二、实验内容

打开 P1－学号.pptx 文件进行动画、超链接等操作，结果以 P3－学号.pptx 文件保存。

1. 幻灯片的动画技术。

（1）利用"添加动画"设置幻灯片内的动画。

① 第 1 张幻灯片中的标题部分采用"飞入"进入的动画效果。文本内容即个人简历，采用"弹跳"进入的动画效果，并且鼠标单击按项一条一条地显示。

【提示】对于鼠标单击按项一条一条地显示可通过"动画窗格"指向简历第 2 项右击，在弹出的快捷菜单中选择"单击开始"命令，这时可看到简历列表前显示动画出现的序号。

② 将第 3 张幻灯片的标题改为"艺术字"，并对艺术字对象设置"擦除"进入效果和"下划线"强调效果。对图片设置"轮子"进入效果。对文本设置"淡出"进入效果。动画出现的顺序首先为图片对象，随后为文本，最后是艺术字。

（2）设置幻灯片间的动画。演示文稿内各幻灯片间的切换效果分别采用"百叶窗""溶解""摩天轮"等方式，可通过在"切换"选项卡的"切换到此幻灯片"组中选择切换方式。

2. 演示文稿中的超链接。

（1）创建超链接。在演示文稿第 1 张幻灯片前插入一张幻灯片，该幻灯片上有"自我介绍"的艺术字，插入 SmartArt 图形中"基本循环"彩色图形，有 4 项内容，依次为简历、成绩、爱好和所在地，如图 4.5 所示。每项通过超链接分别指向后面的 4 张幻灯片。

【提示】要在第 1 张幻灯片前插入一张幻灯片，选中第 1 张幻灯片，单击"开

始"|"幻灯片"|"新建幻灯片"按钮插入新幻灯片。然后通过"幻灯片浏览"或"普通"视图将新幻灯片移动到最前面。

（2）插入多媒体对象，即从"插入"选项卡的"媒体"组中选择对应的按钮来实现。在"自我介绍"幻灯片处插入一个音频文件作为背景音乐，在整个演示文稿中播放。插入成功后以 🔊 图标显示，当需要播放音乐时单击此处，播放一段快乐的音乐。

【提示】要作为背景音乐指向 🔊，可在"音频工具"选项卡中对音频选项进行如图 4.6 所示的设置即可。

图 4.5 自我介绍首页

图 4.6 "音频选项"组

3. 观察放映文稿的几种效果。

（1）演讲者放映，以全屏方式显示，这是最常用的。

（2）观众自行浏览，以窗口方式显示。

（3）在展台浏览，先选择"幻灯片放映"选项卡的"排练计时"按钮，设置每张幻灯片播放的时间，然后在展台自动播放。

【提示】选择"幻灯片放映"选项卡的"设置放映方式"按钮，显示如图 4.7 所示对话框，选择放映类型方式。

4. 自主实验。自己创作一个演示文稿，主题为"我的梦中国梦"，结果以 P4 - 学号. pptx 保存。要求不少于 6 张幻灯片，用到以下幻灯片的制作技术。

（1）插入各种对象；

（2）使用母版或主题；

（3）动画；

（4）超链接；

（5）背景音乐。

【提示】背景音乐文件不要超过 3 MB，仅掌握该功能使用方法即可。

尽量使得制作的幻灯片能针对自己所要表现的主题，使得观看了幻灯片的观众被吸引。可参考如下样张制作。

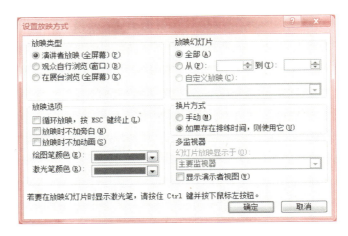

图 4.7 "设置放映方式"对话框

三、样例

5 数据库技术基础

实验一　表的建立和维护

一、实验目的

1. 掌握建立和维护 Access 数据库的一般方法。
2. 掌握 SQL 中的数据更新命令。

二、实验内容

1. 建立数据库。创建一个数据库，文件名为 Test1.accdb，在其中建立表 Teachers，其结构如表 5.1 所示，内容如表 5.2 所示，主键为教师号。

▶表 5.1　表 Teachers 的结构

字 段 名 称	字 段 类 型	字 段 宽 度
教师号	文本	6 个字符
姓名	文本	4 个字符
性别	文本	1 个字符
年龄	数字（字节类型）	
参加工作年月	日期/时间	
党员	是/否	
应发工资	货币	
扣除工资	货币	

▶表 5.2　表 Teachers 的内容

教师号	姓名	性别	年龄	参加工作年月	党员	应发工资	扣除工资
100001	王春华	男	40	1999 - 12 - 28	Yes	3201	220
200001	华成	男	50	1989 - 01 - 21	No	3423	120
100002	陈蓉	女	34	2009 - 10 - 15	Yes	2650	180
200002	范杰	男	46	1997 - 04 - 18	No	3088	160
300001	樊平	男	28	2007 - 02 - 03	No	2460	200
300002	关红梅	女	45	1998 - 07 - 23	Yes	2820	170

2. 根据表 5.3 确定表 Students 的结构，并且在 Test1.accdb 中创建。

学　　号	姓　　名	性　　别	教　师　号	分　　数
110001	周波	男	100001	80
110002	张毅	男	200002	51
110101	万晓春	男	100001	76
110102	淡学敏	女	200001	53
110103	朱颖	女	100002	96
120001	单磊	男	200002	82
120002	高伟	男	100002	70
120003	高宇	女	200002	88
120101	董延超	男	300002	66
120102	毛洋洋	女	200002	72

◀表 5.3
表 Students

3. 将表 Teachers 复制为 Teachers1 和 Teachers2。

4. 修改表 Teachers1 的结构。

（1）将姓名字段的宽度由 4 改为 6。

（2）添加如下一个新的字段。

　　　职称　文本型　4

并为表中各个记录输入恰当的职称信息。

（3）将"党员"字段移到"参加工作年月"字段之前。

5. 导出表 Teachers2 中的数据，以文本文件的形式保存，文件名为 Teachers.txt。

【提示】选定表 Teachers2，然后单击"文件"|"导出"命令，在向导的提示下进行操作即可。

6. 导出表 Teachers2 中的数据，以 Excel 数据簿的形式保存，文件名为 Teachers.xlsx。

7. 用 SQL 中的数据更新命令对表 Teachers2 进行操作。在 Access 中，不能直接执行 SQL 命令，但可以在查询视图中运行。

（1）打开数据库 Test1.accdb。

（2）建立一个空查询。单击"创建"|"查询设计"命令，在弹出的对话框中不选择任何的表或查询，直接关闭对话框，即建立了一个空查询，如图 5.1 所示。

（3）切换到 SQL 视图，如图 5.2 所示，直接输入命令。

① 用 INSERT 命令插入一条新的记录。

　　600001　杨梦　　女　54　1986/04/22　Yes　2660　210

② 用 INSERT 命令插入一条新的记录。

　　600002　罗贤兴　　　52

实验素材：
Test1.accdb

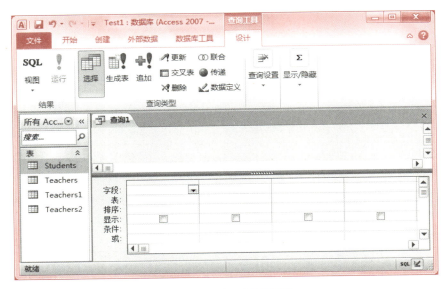

图 5.1　查询的设计视图

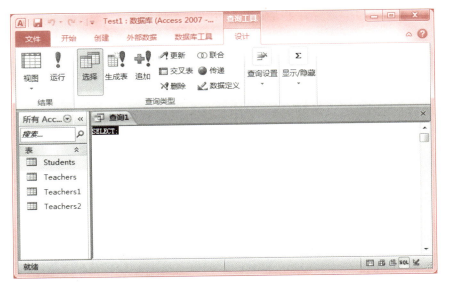

图 5.2　查询的 SQL 视图

③ 用 DELETE 命令删除姓名为"关红梅"的记录。

④ 用 DELETE 命令删除年龄小于 40 且性别为"女"的记录。

【提示】条件为：年龄 <40 AND 性别 ="女"。

⑤ 所有人的年龄加 1。

⑥ 对表中工龄超过 15 年的教师加 20% 工资。

【提示】条件为：Year(Date( )) − Year(参加工作年月) >15。

实验二　查询、窗体和报表的创建

一、实验目的

1. 掌握 SELECT 命令。
2. 掌握 Access 数据库中创建查询的方法。

二、实验内容

下面所有的实验都是针对 Test1.accdb 数据库中的表 Teachers 和 Students。

1. 直接写出下列 SELECT 语句，并在一个空查询的 SQL 视图中逐一输入这些命令运行。运行 SELECT 命令的方法与实验一第 7 题相同。

(1) 查询所有教师的基本信息。

【提示】 在 SELECT 语句中可以用"*"代表所有的字段。

(2) 查询教师的教师号、姓名、性别和年龄。

(3) 查询教师的教师号、姓名和实发工资，查询结果如图 5.3 所示。

【提示】 实发工资列应为：应发工资－扣除工资 AS 实发工资。

(4) 查询教师的人数和平均实发工资，查询结果如图 5.4 所示。

图 5.3　查询结果　　　　图 5.4　查询结果

【提示】 平均实发工资列应为：AVG（应发工资－扣除工资）AS 平均实发工资。

(5) 查询华成的基本情况。

【提示】 查询条件为：姓名 = "华成"。

(6) 查询所有男教师的基本信息。

【提示】 查询条件为：性别 = "男"。

(7) 查询 2000 年以前参加工作的所有教师的教师号、姓名和实发工资，查询结果如图 5.5 所示。

教师号	姓名	实发工资
100001	王春华	¥2,981.00
200001	华成	¥3,303.00
200002	范杰	¥2,928.00
300002	关红梅	¥2,650.00

图 5.5 查询结果

【提示】 查询条件为：Year(参加工作年月)<=2000。

(8) 查询男、女生的最低分、最高分和平均分数。

【提示】 应根据性别进行分组，并使用 MIN( )、MAX( ) 和 AVG( ) 分别求最低分、最高分和平均分数。

(9) 查询男、女教师的最低工资、最高工资和平均工资（工资是指实发工资），查询结果如图 5.6 所示。

性别	最低工资	最高工资	平均工资
男	¥2,260.00	¥3,303.00	¥2,868.00
女	¥2,470.00	¥2,650.00	¥2,560.00

图 5.6 查询结果

【提示】 应根据性别进行分组，并使用 MIN( )、MAX( ) 和 AVG( ) 分别求最低工资、最高工资和平均工资。

(10) 查询所有党员的教师号和姓名，并且按年龄从大到小排列，查询结果如图 5.7 所示。

【提示】 排序应使用子句为：ORDER BY 年龄 DESC。

(11) 查询党员和非党员的人数和平均年龄，查询结果如图 5.8 所示。

教师号	姓名
300002	关红梅
100001	王春华
100002	陈蓉

党员	人数	平均年龄
☑	3	39.6666666666667
☐	3	41.3333333333333

图 5.7 查询结果   图 5.8 查询结果

【提示】 应根据党员字段进行分组。

2. 连接查询。直接写出下列 SELECT 语句，并在一个空查询的 SQL 视图中逐一输入这些命令运行。运行 SELECT 命令的方法与实验一第 7 题相同。

(1) 查询学号为"110002"的学生的教师的教师号、姓名和性别，查询结果如图 5.9 所示。

【提示】 WHERE 条件为：

Teachers. 教师号 = Students. 教师号 and Students. 学号 = "110002"

教师号	姓名	性别
200002	范杰	男

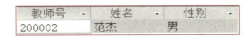

图 5.9 查询结果

（2）查询每个教师的教师号和学生人数，查询结果如图 5.10 所示。

【提示】两个表按教师号进行连接后再根据教师号进行分组。

连接条件：Teachers. 教师号 = Students. 教师号

分组字段：Teachers. 教师号 或者 Students. 教师号

（3）查询每一个教师的教师号以及所教学生的最低分、最高分和平均分。查询结果如图 5.11 所示。

教师号	人数
100001	2
100002	2
200001	1
200002	4
300002	1

图 5.10 查询结果

教师号	最低分	最高分	平均分
100001	76	80	78
100002	70	96	83
200001	53	53	53
200002	51	88	73.25
300002	66	66	66

图 5.11 查询结果

【提示】两个表按教师号进行连接后再根据教师号进行分组。

连接条件：Teachers. 教师号 = Students. 教师号

分组字段：Teachers. 教师号 或者 Students. 教师号

3. 通过“创建”|“查询设计”分别为第 1 题（1）和（2）创建查询，并仔细查看所产生的 SELECT 命令。

【提示】自动生成的 SELECT 语句可能与第 1 题有所不同。

4. 通过“创建”|“查询设计”分别为第 1 题的（3）~（9）和第 2 题的（1）~（3）创建查询，并仔细查看所产生的 SELECT 命令。

【提示】

① 为某一列设置别名的格式为：别名：列名（或表达式），如图 5.12 所示。

② 连接条件在上面建立，过滤条件在下面输入，如图 5.13 所示。如果过滤条件左边是字段名，则该字段名可以缺省。例如，条件 Students. 学号 = "110002" 可以只输入 110002，条件 Teachers. 年龄 <=40 可以写成 <=40。

③ 总的来说，在 Access 的设计视图中创建查询非常灵活，同一个查询可以用不同方法实现，只要结果符合要求就可以。

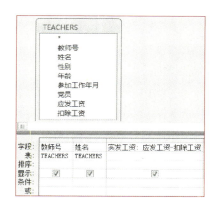
图 5.12　设计视图

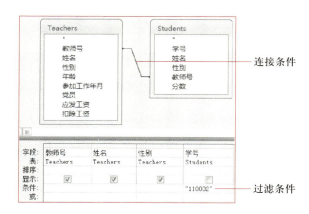
图 5.13　设计视图

6 计算机网络基础与应用

实验一　信息浏览和检索

一、实验目的

1. 掌握计算机网络配置和进行连通性测试的方法。
2. 掌握浏览器以及搜索引擎的使用方法。
3. 掌握信息浏览和文献检索的技术。

二、实验内容

1. 查看计算机网络配置情况。

（1）计算机的名称：＿＿＿＿＿＿＿＿。

计算机属于的工作组名称：＿＿＿＿＿＿＿＿。

（2）进入"命令提示符"界面，运行 IPCONFIG/ALL 命令，查看当前网络配置情况。

　　① 网络适配器（网卡）型号：＿＿＿＿＿＿＿＿。

　　② 网络适配器（网卡）物理地址：＿＿＿＿＿＿＿＿。

　　③ IPv4 地址：＿＿＿＿＿＿＿＿。

　　④ 子网掩码：＿＿＿＿＿＿＿＿。

　　⑤ 默认网关：＿＿＿＿＿＿＿＿。

　　⑥ 首选 DNS 服务器：＿＿＿＿＿＿＿＿。

　　⑦ 备用 DNS 服务器：＿＿＿＿＿＿＿＿。

（3）通过网络连接的 TCP/IP 属性窗口，查看 IP 地址和 DNS 服务器地址的获得方式。

　　□ 自动获得　　□ 手工指定

【提示】打开所用"网络连接"的属性对话框，选定"Internet 协议版本 4（TCP/IPv4）"选项，再单击"属性"按钮。

2. 检查与 Internet 的连通性。

（1）检查本机的网络设置是否正常有以下 4 种方法。

　　① PING　　127.0.0.1

　　② PING　　localhost

　　③ PING　　本机的 IP 地址

　　④ PING　　本机机器名

（2）检查到默认网关是否连通。

方法：PING　默认网关的 IP 地址

【提示】默认网关的 IP 地址可以从两个途径获得：一是 IPCONFIG/ALL 命令；二是 TCP/IP 属性窗口。

（3）检查与 Internet 是否连通。

检查与 Internet 是否连通的方法是：选择 Internet 上的某个服务器，然后通过 PING 命令检查。

方法：PING　Internet 某台服务器的域名（或 IP 地址）

例如：PING　www.sina.com.cn

　　　PING　150.164.100.122

思考题 1：能否通过域名知道 IP 地址。

思考题 2：当不能连通时，PING 命令将显示什么样的信息。

3. 文件夹共享。

将自己计算机上某个文件夹共享，再在相邻计算机上访问。

4. 远程桌面。

（1）在相邻计算机上设置允许远程连接。

（2）在自己计算机上通过远程桌面连接到相邻计算机上。

5. 若拥有学校 VPN 的账号，则通过 VPN 在校外（如家里）的计算机上访问学校图书馆的数字化资源。

6. IE 的设置和使用。

（1）将 http://www.baidu.com 设置为主页。

（2）删除 Internet 临时文件。

（3）访问中国科学院，将主页分别以 htm 和 mht 类型保存起来，请仔细观察并说明这两种保存形式的区别。

7. 信息浏览。

（1）通过搜索引擎搜索如表 6.1 所示网址。

单　　位	网　　址
中华人民共和国教育部	
中国科学院	
中国国家图书馆	
北京大学	
同济大学	
爱课程网	

◀表 6.1
重要网址

（2）访问 Internet，然后完成下列操作。

① 把第 48 届世界超级计算机 TOP500 排行榜前 5 名计算机的有关信息复制到 Excel 中，制作成如图 6.1 和图 6.2 所示的数据表和直方图，文件名为 TOP500.xlsx。

第48届世界超级计算机TOP500排行榜						
排名	落户地址	计算机	公司	核心数量	Rmax(TFlop/s)	Rpeak(TFlop/s)
1	无锡超算中心	神威·太湖之光	NRCPC	10,649,600	93,014.60	125,435.90
2	广州超算中心	天河二号	NUDT	3,120,000	33,862.70	54,902.40
3	橡树岭国家实验室	Titan	Cray Inc.	560,640	17,590.00	27,112.50
4	劳伦斯利弗莫尔国家实验室	Sequoia	IBM	1,572,864	17,173.20	20,132.70
5	伯克利实验室	Cori	Cray Inc.	622,336	14,014.70	27,880.70

图 6.1　第 48 届世界超级计算机 TOP500 排行榜前 5 名计算机

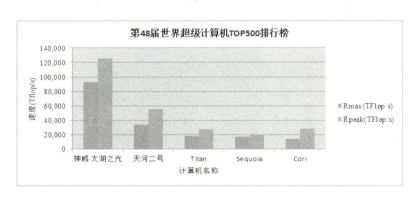

图 6.2　第 48 届世界超级计算机 TOP500 排行榜前 5 名计算机性能直方图

② 通过 Internet 查询 Rmax 和 Rpeak 的意义。

Rmax：_____。

Rpeak：_____。

③ 在最近一届超级计算机 TOP500 排名中，查询我国神威·太湖之光的性能。

Rmax：_____（TFlops）。

Rpeak：_____（TFlops）。

8. 文献检索。

（1）访问中国国家图书馆，寻找博士论文库，然后完成下列操作。

① 要求检索导师为院士汪品先教授的博士论文。

② 检索关键词为"数据挖掘"的博士论文。

③ 检索本专业的博士论文。

（2）（若本校有数字化图书馆）访问本校数字图书馆。

① 在表 6.2 中列出使用前 5 位的数据库名单。

▶表 6.2　使用前 5 位的数据库名单

1.	2.	3.	4.	5.

② 请在"中国学术期刊"数据库中,找到《计算机工程》杂志,并下载 2006 年第二期发表的《视频点播系统的设计与实现》论文全文。

③ 请在"中国学术期刊"数据库的"计算机技术"分类中,检索发表在 2005 ~ 2006 年的《软件学报》中的以"粗糙"为关键字的相关论文,检索结果按时间排序显示。

④ 在"万方"数据库的"学位论文全文数据库"中,检索关键字中包含"粒度",标题中包含"商空间"的博士论文。

⑤ 在"万方"数据库的"数字化期刊群"中,检索"杨毅"发表在"同济大学学报(社会科学版)"的关于"古代聚群"的文章。

⑥ 在"EI Compendex"数据库中,查询论文标题为"Comparative study of texture measures with classification based on feature distributions"的 EI 收录号(Accession Number)。

⑦ 在"Web of Science"数据库中,查询论文标题为"Optimizing spatial filters for robust EEG single – trial analysis"发表的期刊名称、SCI 收录号(入藏号)及被引频次合计数。

9. 查阅资料,撰写小论文。要求在大学计算机课程范围内进行选题,通过 Internet 查阅资料,写一篇小论文,要求字数在 1 600 左右。以论文题目作为文件名。

实验二　网页设计

一、实验目的

1. 掌握 Dreamweaver 的基本操作。
2. 掌握设计简单网页的技术。

二、实验内容

1. 创建名称为 Test1 的站点，并在其中按如下要求设计简单网页 Index.html，如图 6.3 所示。

图 6.3　网页 Index.html

要求：

（1）设置网页标题为自己的学号，网页背景为 bj1.jpg。

（2）插入一个 3 行、3 列的表格，表格边框宽度为 1。

（3）第 1 行合并单元格，插入动画 dh1.swf。

（4）第 2 行第 1 列标题的格式为蓝色、楷体、24 px、居中。正文缩进两个汉字、大小为 18 px、左对齐。中间插入一个图片 tx1.jpg，其宽度为 260，高度为 320。第 3 列是一个表单，其中姓名和密码的字符宽度和最多字符数为 12，密码以圆点显示。

（5）第 3 行的字体大小为 18 px。"友情链接"链接到 http://www.tongji.edu.cn，在新窗口中打开。"与我联系"链接到电子邮箱 abc@sina.com。

2. 创建名称为 Test2 的站点，并在其中按如下要求设计简单网页 Default.html 和 Apply.html，如图 6.4 和图 6.5 所示。

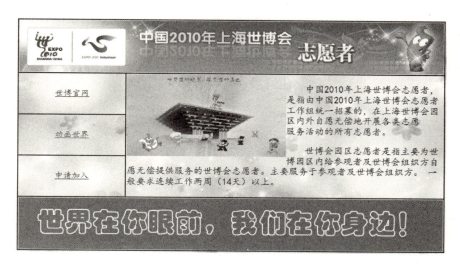

图 6.4 网页 Default.html

(1) Default.html 网页设计要求。

① 用本人的姓名设置网页标题,用 bj2.jpg 图片设置网页的背景。

② 表格第 1 行合并单元格,插入图片 banner.jpg,调整图片大小为 800 像素×100 像素。第 5 行合并单元格,插入动画 dh2.swf。

图 6.5 Apply.html

③ 表格第 1 列左边有 3 个超链接,"世博官网"链接到 http://www.expo2010.cn,"动画世界"链接到本地的 Flash.swf,"申请加入"链接到本地的 Apply.html,在新窗口中打开。

④ 表格第 2 列中间 3 个单元格合并,插入一个图片文件 dx2.jpg 和文字,图片宽 300 像素、高 160 像素,左对齐。创建名称为 C 的 CSS:蓝色、18Px、楷体,用于格式化文字。

(2) Apply.html 网页设计要求。内容为一个表单,包括姓名、性别、职业。其中姓名最多输入 8 个字符,性别要求用单选按钮,职业用下拉列表,值分别为"学生""教师"和"工程师",默认选中"学生"。

3. 创建一个"唐诗"网站,名称为 Tangshi。

(1) 主页 Tangshi.htm,如图 6.6 所示。

要求页面上边距为 0。页面背景颜色(不是表格)为#800080。表格背景图案(不是单元格背景图案)为 Tangshi.jpg,宽度为 780 像素,高度根据需要决定。中间国画为 Tsct.jpg。

【提示】 使用表格和层进行页面布局,如图 6.7 所示。

① 设计一个如图 6.7 所示的表格。

图 6.6　主页 Tangshi.htm

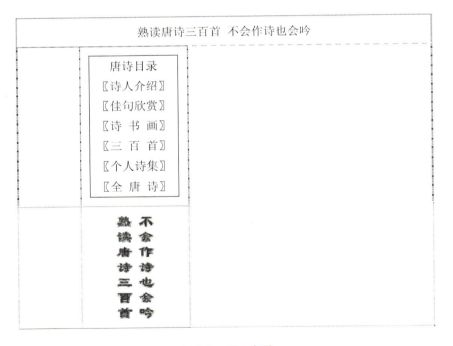

图 6.7　页面布局

② 第 2 行第 2 列单元格中插入一个层（不能移动，可改变大小），在其中再插入一个只有一个单元格的带边框的表格。

(2) Shiren.htm 页面，如图 6.8 所示。

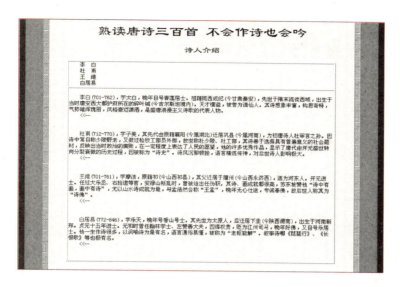

图 6.8　页面 Shiren.htm

要求：

① 页面背景颜色和表格的要求与主页 Tangshi.htm 相同。

② 每一个诗人介绍之前有一个命名锚记，在诗人名单中单击后，就定位到相应的地方。

实验三　Web 服务器的配置和使用

一、实验目的

掌握 Web 服务器的配置和使用。

二、实验内容

1. 建立 Web 服务器。

检查本机是否安装了 IIS。若没有安装，则安装 IIS，使本机成为一台 Web 服务器。

2. Web 服务器的配置和使用。

（1）设置主目录和主文档。

在 C:盘根目录中创建文件夹 TEST，将文件夹 TEST 设置为 Web 服务器的主目录，并将 A1.htm 设置为主文档。

（2）使用 Word 快速创建网页 A1.htm 和 A2.htm，将它们放入 C:\TEST。

（3）在 IE 中分别用下列 4 种方法浏览本机的内容。

① 127.0.0.1；

② localhost；

③ 本机 IP 地址；

④ 本机的机器名。

（4）在 IE 中分别用下列两种方法浏览相邻同学计算机的内容。

① 相邻同学计算机的 IP 地址。

② 相邻同学计算机的名称。

（5）将自己的 IP 地址和机器名告诉同学，让同学访问你机器上的内容。

（6）设法访问本机上的 A2.htm。

3. 虚拟目录的配置和使用。

（1）设置虚拟目录。

在 C:盘根目录中创建一个文件夹 SUB，并将该文件夹设置为 Web 服务器的虚拟目录，名称为 SUBWEB，并将 A2.htm 设置为该虚拟目录的主文档。

（2）使用 Word 快速创建网页 B1.htm 和 B2.htm，将它们放入 C:\SUB。

（3）用 IE 进行以下浏览。

① 127.0.0.1/SUBWEB；

② localhost/SUBWEB；

③ 本机 IP 地址/SUBWEB；

④ 本机的机器名/SUBWEB。

（4）让相邻同学访问你虚拟目录中的内容。

（5）设法访问 B2.htm。

7 多媒体技术基础

实验一　Flash 基本动画制作

一、实验目的

1. 掌握逐帧动画的制作方法。
2. 掌握过渡动画的制作方法。
3. 掌握元件的建立和使用方法。
4. 掌握混色器的使用方法。
5. 掌握 Alpha 通道的使用方法。
6. 掌握图层的使用方法。

二、实验内容

1. 制作不同形状的逐帧动画。

利用工具箱的"椭圆"和"矩形"工具,分别在第 1、10、20 帧处插入 3 个关键帧,形状依次为矩形、三角形和圆,观察播放的效果。

【提示】要制作三角形,只要先通过"矩形"工具画矩形。然后通过"部分选择"工具指向矩形的一个角,利用鼠标将该角的一条边拖向矩形的一个地方,如图 7.1 所示。

2. 制作形状变化的"形状"补间过渡动画。

利用上例,在第 1、10 帧处通过属性面板设置"形状"补间,形成变形动画,观察播放的效果。

【提示】正常的"形状"补间,时间轴上显示的是绿色底色的实线,如图 7.2(a)所示。若是虚线,说明补间不成功,如图 7.2(b)所示,原因是补间前后的对象先行者性质不一致或者选用的"动画"补间不一致。

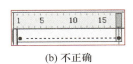

(a) 正确　　　　　　　(b) 不正确

图 7.1　矩形变三角形　　　图 7.2　补间正确与否的时间轴显示

3. 利用元件制作形状变化的"动画"补间过渡动画。

掌握元件的使用,制作一个变动的文字效果。要求文字"欢迎光临我的网站"在水平方向向中间逐渐收缩，垂直方向向两侧扩展变大。

【提示】

（1）单击"插入"｜"新建元件"命令，新建一个元件，在该对话框中选择类型为"图形"，元件名称为"文字"，在第 1 帧处用"文字"工具输入"欢迎光临我的网站"，格式化文字并将文字定位到工作区的中央，如图 7.3（a）所示。

（2）切换到场景，单击"窗口"｜"库"命令，在图层 1 的第 1 帧和第 30 帧处插入"文字"元件关键帧。

（3）单击"修改"｜"变形"｜"任意变形"命令，改变第 30 帧处图像符号的外形，如图 7.3（b）所示。

(a) 第1帧文字　　　(b) 第30帧文字

图 7.3　第 1 帧与第 30 帧上的文字

（4）建立第 1 帧与第 30 帧之间的"动画"补间。

4. 利用 Alpha 通道技术和上例的元件，制作由近往远逐渐消失的文字。

【提示】在上例第 30 帧关键帧处选中"文字"元件，通过"属性"面板选择"颜色"下拉列表框中的"Alpha 通道"选项，设置所需的值为 40%。

5. 利用两个图层制作两球碰撞运动的动画。要求两球相向移动，碰撞后两球反弹。

【提示】

（1）单击"插入"｜"新建元件"命令，制作两个不同颜色的球元件，元件名为球 1 和球 2。球颜色采用放射性灰色和红色，如图 7.4 所示。

（2）切换到场景，在图层 1 的第 1 帧处引用"球 1"元件（单击"窗口"｜"库"命令打开"库"窗口，看到建立的元件，把球 1 拖到场景）。在第 20 帧和 40 帧处插入关键帧，分别移动小球到不同位置。

（3）在图层 2 用同样的方法引用"球 2"元件，在 20 帧处两球碰撞（相切），40 帧处反弹位置定位。

（4）在图层 1 和图层 2 的第 1 帧和第 20 帧处做"动画"补间。

播放效果如图 7.5 所示，网格线有助于设计定位，单击"视图"｜"网格"｜"显示网格"命令可以显示网格。

6. 利用两个图层制作世博宣传动画。

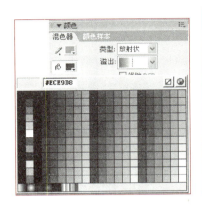
图 7.4　使用混色器调制颜色

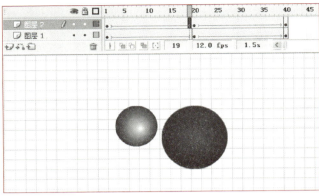
图 7.5　小球碰撞运动效果

要求：

（1）在图层 1 第 1 帧处制作一对海宝图。从素材库中导入海宝图片，通过复制和"修改"｜"变形"命令构成一对对称的海宝图。

（2）在图层 2 中让文字从"精彩世博"变形到"文明先行"文字。

【提示】这关键是在第 1 帧、第 30 帧处分别建立的文字通过按两次 Ctrl+B 键由组变为形状，然后通过"形状"补间构成文字变形动画效果（如图 7.6 所示）。

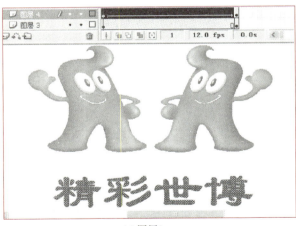
(a) 图层1

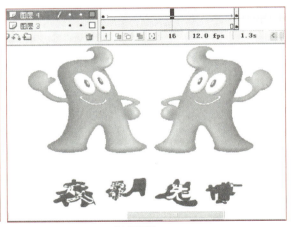
(b) 图层2

图 7.6　世博宣传画示例

实验二　Flash 综合动画制作

一、实验目的

1. 掌握遮罩技术的使用方法。
2. 掌握运动轨迹的使用方法。
3. 掌握声音的插入方法。
4. 掌握 Flash 动画的发布与输出。

二、实验内容

1. 利用图层、混色器和遮罩技术，制作动感彩色文字。

【提示】该题的关键是在图层 1 利用混色器设计出线性的黑白混色矩形，如图 7.7 所示，对矩形进行移动。在图层 2 放置文字，如图 7.8（a）所示，设置为遮罩层。

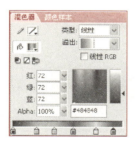

图 7.7　混色器设置线性黑白色

播放效果如图 7.8（b）所示。

(a) 设计界面　　　　　　　　　　　　(b) 播放效果

图 7.8　动感文字设计界面和效果

2. 利用图层和遮罩技术，制作一个类似于打字机的效果，即在屏幕上依次打出一行文字的动画效果。例如，逐一显示"欢迎光临我的网站"，文字底下有一条黑线，表示当前打字机位置。

【提示】

（1）新建一个元件，选择"类型"为"图形"，元件名称为"下画线"，在第 1 帧处用"直线"工具画一条黑色线，宽度约为一个字符。

（2）切换到场景，设置场景的背景为蓝色，大小为 500×200 px。在图层 1 的第 1 帧处输入文字"欢迎光临我的网站"，并设置文字大小和颜色。在第 8 帧处插入关键帧。

（3）添加图层 2，在第 1 帧处画"矩形"，宽度约为一个字符，并定位于图层 1 的第 1 个字符处，如图 7.9 所示。在第 8 帧处画"矩形"，宽度为"欢迎光临我的网站"8 个字符宽。建立第 1 帧与第 8 帧之间的动画"形状"补间，该图层设置为遮罩层。

图 7.9　设计时的第 1 帧界面

（4）添加图层 3，在第 1 帧处引用元件库中的"下画线"元件，位置定位在与图层 2 第 1 帧相应的位置处。在第 8 帧处插入关键帧，定位于最后一个字符处。建立第 1 帧与第 8 帧之间的"动画"补间。播放效果如图 7.10 所示。

说明：为慢速观看，可双击时间轴的帧频率处，在其对话框中改变帧频率为 4（默认为 12）。

3. 利用库中的"鸟巢""福娃"位图，使用 Alpha 通道技术使鸟巢由原色变为透明，使用遮罩技术逐一显示福娃。

【提示】

（1）在图层 1 中利用库中的"鸟巢 2"位图，将其转换为元件，在第 30 帧处设置 Alpha 通道为 50%。

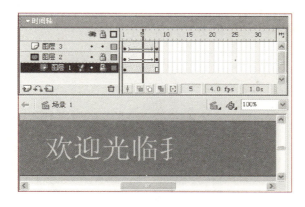

图 7.10　播放效果

(2) 图层 2 中利用库中的"福娃"位图,在第 1 帧和第 30 帧处建立往左移动的福娃画面,如图 7.11 所示。

图 7.11　设计的第 1 帧和最后帧界面

(3) 在图层 3 绘制椭圆,利用遮罩技术逐一显示福娃。

(4) 在图层 4 中输入"北京欢迎你"的文字。

4. 利用库中的"叶""座""罩"元件,装配成旋转的风扇,如图 7.12 所示。

【提示】

(1) 利用"叶"元件制作有 3 片叶的"风扇"元件,可通过对"叶"元件进行复制、旋转 120°来构成"风扇"元件。

(2) 图层 1 背景色为#ffff99,引用"座"元件。

(3) 在图层 2 的第 1 帧和 30 帧处引用"风扇"元件,并设置顺时针旋转。

(4) 在图层 3 引用"罩"元件,在图层 4 引用"字"元件,在第 30 帧处缩小字,利用 Alpha 技术使文字变透明 30%。设计界面如图 7.12 所示。

图 7.12　风扇设计界面

5. 在动画中添加声音。在上例中,当风扇开始转时播放背景音乐,当运动结束时音乐也停止。

【提示】这时需要再添加图层,在第 1 帧处插入任意一个声音文件,在最后(本例 30 帧)插入关键帧,并在第 1 帧处设置声音的同步为"数据流"。

8
问题求解与算法

实验一　简单问题求解

一、实验目的

1. 理解计算思维中求解简单问题的一般过程。
2. 掌握使用流程图、伪代码、程序设计语言描述算法的方法。

二、实验内容

1. 分别使用流程和伪代码描述求一元二次方程 $ax^2+bx+c=0$ 根的算法。要求：

（1）输入 a、b 和 c 的值，输出方程的两个根。

（2）判断方程是否有根。

2. 用伪代码描述求解下列问题的算法，或者利用任意一种程序设计语言编写求解下列问题的算法。

（1）计算梯形面积。要求输入梯形的上底、下底和高，输出梯形的面积。

（2）计算一个学生 3 门课的平均成绩，要求学生成绩从键盘输入。

（3）计算地球的重量。地球的半径为 6 356.91 km，平均密度为每立方米 5.52 t。要求输入地球半径从键盘输入。

地球体积的计算公式为：$v=4/3\pi r^3$。

（4）任意输入 3 个数据，输出它们的平均值和最小的一个数。

实验二 选择控制结构算法

一、实验目的
1. 理解算法中选择控制结构的表示方法。
2. 掌握使用选择控制结构求解问题的方法。

二、实验内容
1. 分别使用流程图和伪代码描述求两个非 0 整数相除的商和余数的算法。
2. 用伪代码描述求解下列问题的算法，或者利用任意一种程序设计语言编写求解下列问题的算法。

（1）输入上网时间计算上网费用，计费的方法如下。

$$费用 = \begin{cases} 30 \text{ 元基数} & < 10 \text{ 小时} \\ \text{每小时 } 2.5 \text{ 元} & 10 \sim 50 \text{ 小时} \\ \text{每小时 } 2 \text{ 元} & \geqslant 50 \text{ 小时} \end{cases}$$

要求：为了鼓励多上网，每月收费最多不超过 150 元。

【提示】按照上述公式求上网费用，费用若超出 150 元，就按 150 元计算。

（2）将百分制转换成五级制。要求输入百分制成绩 mark，然后转换成对应五级制的评定等级，评定条件如下。

$$等级 = \begin{cases} \text{优} & mark \geqslant 90 \\ \text{良} & 80 \leqslant mark < 90 \\ \text{中} & 70 \leqslant mark < 80 \\ \text{及格} & 60 \leqslant mark < 70 \\ \text{不及格} & mark < 60 \end{cases}$$

（3）在购买某物品时，若所花的钱 x 在下述范围内，所付钱 y 按对应折扣支付。

$$y = \begin{cases} x & x < 1\,000 \\ 0.9x & 1\,000 \leqslant x < 2\,000 \\ 0.8x & 2\,000 \leqslant x < 3\,000 \\ 0.7x & x \geqslant 3\,000 \end{cases}$$

【提示】注意计算公式和条件表达式的正确书写。

（4）输入 x，y，z 三个数，按从小到大的次序显示。

（5）模拟袖珍计算器。要求：输入两个操作数和一个操作符，根据操作符决定所做的运算。图 8.1 是使用 C 语言编写的程序运行效果图。

图 8.1　袖珍计算器模拟运行界面

（6）求解决古代数学问题"鸡兔同笼"。即已知在同一个笼子里有总数为 M 只鸡和兔，鸡和兔的总脚数为 N 只，求鸡和兔各有多少只？

【提示】鸡、兔的只数通过已知输入的 M，N 列出方程可解，设鸡为 x 只，兔为 y 只，则计算公式为：

$$x + y = M$$
$$2x + 4y = N$$

实验三　循环控制结构算法

一、实验目的

1. 理解算法中循环控制结构的表示方法。
2. 掌握使用循环控制结构求解问题的方法。
3. 掌握累加、连乘、枚举、迭代等算法。

二、实验内容

1. 分别用流程图和伪代码描述求 20 以内奇数和的算法。
2. 用伪代码表示求解下列问题的算法，或者利用任意一种程序设计语言编写求解下列问题的算法。

（1）计算 $S = 1 + \dfrac{1}{2} + \dfrac{1}{4} + \dfrac{1}{7} + \dfrac{1}{11} + \dfrac{1}{16} + \dfrac{1}{22} + \dfrac{1}{29} + \cdots$，当第 i 项的值 $< 10^{-4}$ 时结束。

【提示】找出规律，第 i 项的分母是前一项的分母加上 i，即分母通项为 $t_i = t_{i-1} + i$。

（2）计算 π 的近似值，π 的计算公式为

$$\pi = 2 \times \dfrac{2^2}{1 \times 3} \times \dfrac{4^2}{3 \times 5} \times \dfrac{6^2}{5 \times 7} \times \cdots \times \dfrac{(2 \times n)^2}{(2n-1) \times (2n+1)}$$

【提示】分别显示当 $n = 10$、100、1 000 时的结果，由此可见，此计算公式的收敛程度如何？

（3）数学之美。利用循环控制结构，分别显示如图 8.2（a）和图 8.2（b）所示的数学之美式子。

(a)　　　　　　　　　　(b)

图 8.2　程序运行界面

【提示】关键是找规律写通项，即随着循环变量 i 的变化，数学式最左边的值相应变化：$n = n \times 10 + i$。

（4）显示出所有的水仙花数。所谓水仙花数，是指一个 3 位数，其各位数字立方和等于该数字本身。例如，153 是水仙花数，因为 $153 = 1^3 + 5^3 + 3^3$。

【提示】利用三重循环，将 3 个位数连接成一个 3 位数进行判断。

例如，将 i、j、k 三个个位数连成一个三位数的表达式为 $i \times 100 + j \times 10 + k$。

（5）某班在一周 6 天内考 3 门分别为 x、y、z 的考试课程，规定一天只能考一门，课程依次按先考 x，后考 y，最后考 z，最后一门最早周五考。用计算机排考试时间，列出满足条件的方案和方案数。图 8.3 是用 C 语言编写的程序运行效果图。

【提示】类似"百元买百鸡"问题，根据要求通过三重循环列出安排考试的所有方案。

（6）求 $S_n = a + aa + aaa + aaaa + \cdots + aa\cdots aaa(n \text{ 个 } a)$，其中 a 是一个 $1 \sim 9$（包括 1 和 9）中的一个正整数，n 是一个 $5 \sim 10$（包括 5 和 10）中的一个数。

例如，当 $a = 2$，$n = 5$ 时，$S_n = 2 + 22 + 222 + 2222 + 22222$。

（7）使用迭代法求 $x = \sqrt[3]{a}$，求立方根的迭代公式为

$$x_{i+1} = \frac{2}{3}x_i + \frac{a}{3x_i^2}$$

假定 x 的初值为 $a(1 \sim 10)$，迭代到 $|x_{i+1} - x_i| < 10^{-5}$ 为止。迭代的流程图如图 8.4 所示。

图 8.3　考试安排运行效果

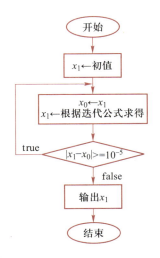

图 8.4　迭代法求立方根流程图

测试篇

9 计算机文化与计算思维基础

一、选择题

1. _____是现代通用计算机的雏形。
   A. 中国唐代的算盘
   B. Charles Babbage 于 1834 年设计的分析机
   C. Blaise Pascal 于 1642 年发明的加法器
   D. Gottfried Leibniz 于 1673 年发明的计算器

2. 世界上第一台电子计算机 ENIAC 诞生于_____年。
   A. 1939   B. 1946
   C. 1952   D. 1958

3. 冯·诺依曼和他的同事们研制的计算机是_____。
   A. ENIAC   B. UNIVAC
   C. EDVAC   D. 图灵机

4. 计算机科学的奠基人是_____。
   A. 查尔斯·巴贝奇   B. 艾兰·图灵
   C. 莫奇莱和埃克特   D. 冯·诺依曼

5. 在下列关于图灵机的说法中，错误的是_____。
   A. 现代计算机的功能不可能超越图灵机
   B. 图灵机不可以计算的问题现代计算机也不能计算
   C. 图灵机是真空管机器
   D. 只有图灵机能解决的计算问题，实际计算机才能解决

6. 在计算机运行时，把程序和数据一样存放在内存中，这是 1946 年由_____领导的小组正式提出并论证的。
   A. 冯·诺依曼   B. 布尔
   C. 艾兰·图灵   D. 爱因斯坦

7. 计算机从其诞生至今已经历了 4 个时代，这种对计算机划代的原则是根据_____。
   A. 计算机所采用的物理器件   B. 计算机的运算速度
   C. 程序设计语言   D. 计算机的存储量

8. 物理器件采用晶体管的计算机被称为_____。
   A. 第一代计算机   B. 第二代计算机
   C. 第三代计算机   D. 第四代计算机

9. 专门为某种用途而设计的计算机，被称为_____计算机。
   A. 专用　　　　　　　　　　B. 通用
   C. 特殊　　　　　　　　　　D. 模拟
10. 在 Internet 上，用于对外提供服务的计算机系统称为_____。
    A. 高性能计算机　　　　　　B. 工作站
    C. 嵌入式计算机　　　　　　D. 服务器
11. 计算机最早的应用领域是_____。
    A. 科学计算　　　　　　　　B. 数据处理
    C. 过程控制　　　　　　　　D. CAD/CAM/CIMS
12. 计算机辅助制造的简称是_____。
    A. CAD　　　　　　　　　　B. CAM
    C. CAE　　　　　　　　　　D. CBE
13. 在电子商务中，企业与消费者之间的交易称为_____。
    A. B2B　　　　　　　　　　B. B2C
    C. C2C　　　　　　　　　　D. C2B
14. "AlphaGo"战胜围棋职业棋手，这是计算机在_____方面的应用。
    A. 计算机辅助设计　　　　　B. 数据处理
    C. 人工智能　　　　　　　　D. 多媒体技术
15. _____不属于大数据的 4 个特征之一。
    A. 数据量巨大　　　　　　　B. 数据类型繁多
    C. 速度快　　　　　　　　　D. 价值密度高
16. 在下列关于大数据的说法中，错误的是_____。
    A. 不是抽样统计，而是面向全体样本
    B. 所有数据必须精确
    C. 允许结构性数据和非结构数据同时存在
    D. 不是因果关系，而是相互关系
17. 将基础设施作为服务的云计算服务类型是_____。
    A. HaaS　　　　　　　　　　B. IaaS
    C. PaaS　　　　　　　　　　D. SaaS
18. 云存储属于_____。
    A. IaaS　　　　　　　　　　B. PaaS
    C. SaaS　　　　　　　　　　D. 以上全部错误

19. 物联网的英文名称是_____。
    A. Internet of Matters   B. Internet of Things
    C. Internet of Theorys   D. Internet of Clouds

20. 在下列技术中，不属于物联网关键技术的是_____。
    A. RFID   B. 传感技术
    C. 嵌入式技术   D. Web 技术

21. 下列不属于人类三大科学思维的是_____。
    A. 理论思维   B. 逻辑思维
    C. 实验思维   D. 计算思维

22. 在下列关于计算思维的说法中，正确的是_____。
    A. 计算机的发明导致了计算思维的诞生
    B. 计算思维的本质是计算
    C. 计算思维是计算机的思维方式
    D. 计算思维是人类求解问题的一条途径

23. 在下列关于可计算性的说法中，错误的是_____。
    A. 所有问题都是可计算的
    B. 图灵机可以计算的就是可计算的
    C. 图灵机与现代计算机在功能上是等价的
    D. 一个问题是可计算的是指可以使用计算机在有限步骤内解决

24. 在下列关于计算复杂性的说法中，错误的是_____。
    A. 时间复杂度为指数阶 $O(2^n)$ 的问题是不可计算的问题
    B. 时间复杂度为指数阶 $O(2^n)$ 的问题当 n 值稍大时就无法计算了
    C. $O(n^3)$ 的时间复杂度小于 $O(2^n)$
    D. 计算复杂性度量标准是时间复杂性和空间复杂性

二、填空题

1. 图灵在计算机科学方面的主要贡献是提出图灵机模型和_____。
2. 图灵机由一条无限长的纸带和一个_____组成。
3. 世界上的第一台电子计算机是在 1946 年 2 月由宾夕法尼亚大学研制成功的_____。
4. 第一款商用计算机是 1951 年开始生产的_____计算机。
5. 第一代电子计算机采用的物理器件是_____。

6. 未来计算机将朝着微型化、巨型化、_____ 和智能化方向发展。

7. 根据用途及其使用的范围，计算机可以分为_____ 和专用机。

8. 微型计算机的种类很多，主要分成桌面型计算机、笔记本电脑、_____ 和种类众多的移动设备。

9. 在数量上超过微型计算机的是_____。

10. 计算机最早的应用领域是_____。

11. 交易双方都是企业的电子商务形式称为_____。

12. 计算机辅助设计的英文简称是_____。

13. _____ 是指用计算机来模拟人类的智能。

14. 大数据的数据量巨大，常常以 PB、_____ 甚至 ZB 为单位。

15. 软件即服务的英文简写是_____。

16. 射频识别技术的英文简写是_____。

17. 虚拟现实技术具有的 3 个特征：_____、交互性和想象性。

18. 人类的三大科学思维分别是理论思维、实验思维和_____。

19. 计算思维是运用计算机科学的基础概念进行_____、系统设计以及人类行为理解等涵盖计算机科学之广度的一系列思维活动。

20. 计算思维的本质是_____ 和自动化（Automation）。

21. 计算复杂性的度量标准有两个：_____ 复杂性和空间复杂性。

22. 总的来说，计算思维方法有两大类：一类是来自_____ 的方法；另一类是计算机科学独有的方法。

23. 计算思维渗透到化学产生了_____。

【参考答案】

一、选择题

1. B　　2. B　　3. C　　4. B　　5. C
6. A　　7. A　　8. B　　9. A　　10. D
11. A　　12. B　　13. B　　14. C　　15. D
16. B　　17. B　　18. A　　19. B　　20. D
21. B　　22. D　　23. A　　24. A

二、填空题

1. 图灵测试

2. 读写头

3. ENIAC（电子数字积分计算机）

4. UNIVAC
5. 电子管
6. 网络化
7. 通用机
8. 平板电脑（Tablet Computer）
9. 嵌入式系统
10. 科学计算
11. B2B
12. CAD
13. 人工智能（Artificial Intellegence，AI）
14. EB
15. SaaS
16. RFID
17. 沉浸性
18. 计算思维
19. 问题求解
20. 抽象（Abstraction）
21. 时间
22. 数学和工程
23. 计算化学

10 计算机系统

一、选择题

1. 一个完整的计算机系统由_____组成。
   A. 硬件系统和软件系统　　　　　　B. 主机和外设
   C. 系统软件和应用软件　　　　　　D. 主机、显示器和键盘

2. 所谓"裸机"是指_____。
   A. 单片机　　　　　　　　　　　　B. 不装备任何软件的计算机
   C. 微型机　　　　　　　　　　　　D. 只装备操作系统的计算机

3. 时至今日,计算机仍采用存储程序原理,该原理的提出者是_____。
   A. 莫尔　　　　　　　　　　　　　B. 冯·诺依曼
   C. 比尔·盖茨　　　　　　　　　　D. 图灵

4. 计算机能按照人们的意图自动、高速地进行操作,是因为采用了_____。
   A. 程序存储在内存　　　　　　　　B. 高性能的 CPU
   C. 高级语言　　　　　　　　　　　D. 机器语言

5. 关于计算机的流水线技术,_____描述是错误的。
   A. 是指指令的并行执行　　　　　　B. 类似工厂的流水线
   C. 是指指令的串行执行　　　　　　D. 可提高计算机执行指令的速度

6. 以下描述_____不正确。
   A. 内存与外存的区别在于内存是临时性的,而外存是永久性的
   B. 内存与外存的区别在于外存是临时性的,而内存是永久性的
   C. 平时说的内存是指 RAM
   D. 从输入设备输入的数据直接存放在内存

7. 计算机的主机指的是_____。
   A. 计算机的主机箱　　　　　　　　B. CPU 和内存储器
   C. 运算器和控制器　　　　　　　　D. 运算器和输入输出设备

8. 下面关于 ROM 的说法中,不正确的是_____。
   A. CPU 不能向 ROM 随机写入数据
   B. ROM 中的内容在断电后不会消失
   C. ROM 是只读存储器的英文缩写
   D. ROM 是只读的,所以它不是内存而是外存

9. 微型计算机内存容量的基本单位是_____。
   A. 字符　　　　　　　　　　B. 字节
   C. 二进制位　　　　　　　　D. 扇区
10. 磁盘驱动器属于_____设备。
    A. 输入　　　　　　　　　　B. 输出
    C. 输入和输出　　　　　　　D. 以上均不是
11. 指令的执行一般分为三个步骤，以下_____不属于三个步骤之一。
    A. 取指令　　　　　　　　　B. 分析指令
    C. 执行指令　　　　　　　　D. 删除指令
12. 下面_____不是应用软件。
    A. Word　　　　　　　　　　B. AutoCAD
    C. Photoshop　　　　　　　D. Windows
13. 下面_____不属于微软 Office 办公软件。
    A. PowerPoint　　　　　　　B. Excel
    C. Photoshop　　　　　　　D. Access
14. 用高级语言编写的程序称为_____。
    A. 源程序　　　　　　　　　B. 编译程序
    C. 可执行程序　　　　　　　D. 编辑程序
15. 计算机的指令集合称为_____。
    A. 机器语言　　　　　　　　B. 高级语言
    C. 程序　　　　　　　　　　D. 软件
16. 对于汇编语言的评述中，_____是不正确的。
    A. 汇编语言采用一定的助记符来代替机器语言中的指令和数据，又称为符号语言
    B. 汇编语言运行速度快，适用编制实时控制应用程序
    C. 汇编语言有解释型和编译型两种
    D. 机器语言、汇编语言和高级语言是计算机语言发展的 3 个阶段
17. 计算机能直接执行的程序是_____。
    A. 源程序　　　　　　　　　B. 机器语言程序
    C. 高级语言程序　　　　　　D. 汇编语言程序
18. 下面_____语言是解释型语言。
    A. FORTRAN　　　　　　　　B. C
    C. Pascal　　　　　　　　　D. BASIC

19. 实用程序完成一些与管理计算机系统资源及文件有关的任务，_____不属于实用程序。
    A. Windows   B. Windows 优化大师
    C. 备份程序   D. WinRAR 压缩软件

20. 计算机应由 5 个基本部分组成，下面各项，_____不属于这 5 个基本组成。
    A. 运算器   B. 控制器
    C. 总线   D. 存储器、输入设备和输出设备

21. 微型计算机系统中的内存条指的是_____。
    A. ROM   B. RAM
    C. CD-ROM   D. CMOS

22. 在微型计算机系统常用的存储器中，读写速度最快的是_____。
    A. 硬盘   B. U 盘
    C. 光盘   D. 内存

23. 光盘驱动器通过激光束来读取光盘上的数据时，光学头与光盘_____。
    A. 直接接触   B. 不直接接触
    C. 播放 VCD 时接触   D. 有时接触有时不接触

24. 以下_____不属于指令系统的指令。
    A. 数据传送指令   B. 数据加密指令
    C. 数据处理指令   D. 程序控制指令

25. 和机械硬盘相比，固态硬盘的主要优点是_____。
    A. 容量大   B. 读写速度快
    C. 价格便宜   D. 使用寿命长

26. 衡量一个光驱性能的主要指标是_____。
    A. 光盘的容量   B. 盘片的类型
    C. 读取数据的速率   D. 使用寿命

27. 下列设备组中，完全属于外部设备的一组是_____。
    A. 光驱、内存、显示器、打印机 B. 扫描仪、CPU、硬盘、显示器
    C. 光驱、鼠标、扫描仪、显示器 D. 显示器、键盘、运算器、硬盘

28. 下列关于总线带宽的说法中，不正确的是_____。
    A. 总线工作频率越高带宽越高   B. 总线位宽越多带宽越高
    C. 数据线越多带宽越高   D. 单位时间内传输次数越多带宽越高

29. 一般来说，CPU 的_____越高，运算速度也就越快。
    A. 位数   B. 主频

C. 带宽　　　　　　　　　　D. 字长

30. 在微型计算机中，主板有着重要的作用，它是其他部件和各种外部设备的_____。

　　A. 连接载体　　　　　　　B. 通信主体
　　C. 访问桥梁　　　　　　　D. 控制中心

31. CPU 的主频是指 CPU 的_____。

　　A. 无线电频率　　　　　　B. 电压频率
　　C. 时钟频率　　　　　　　D. 电流频率

32. Cache 可以提高计算机的性能，这是因为_____。

　　A. 提高了 CPU 的倍频　　　B. 提高了 CPU 的主频
　　C. 提高了 RAM 的容量　　　D. 缩短了 CPU 访问数据的时间

33. 关于显示器的说法，错误的是_____。

　　A. 颜色位数越多越好　　　B. 显示器越大越好
　　C. 分辨率越高越好　　　　D. 刷新频率越高越好

二、填空题

1. 计算机由 5 个部分组成，分别为_____、_____、_____、_____和输出设备。

2. 运算器是执行_____和_____运算的部件。

3. CPU 通过_____与外部设备交换信息。

4. 为了能存取内存的数据，每个内存单元必须有一个唯一的编号，称为_____。

5. 软件系统分为_____软件和_____软件。

6. 没有软件的计算机称为_____。

7. 常用的输出设备是显示器、_____、绘图仪、音响等。

8. 常用的输入设备是_____、鼠标、触摸屏、扫描仪、话筒等。

9. 列举常用的 4 个系统软件的例子_____、_____、_____、_____。

10. 列举常用的 5 个应用软件的例子_____、_____、_____、_____、_____。

11. 通常一条指令由_____和_____组成。

12. 用_____编写的程序计算机能直接识别。

13. 计算机的工作过程实际上是快速地_____的过程。

14. 当计算机在工作时，有两种信息在执行指令的过程中流动：_____和控制流。

15. 指令流水线技术使得指令可_____执行。

16. RAM 主要的性能指标有两个：_____和_____。

17. USB 接口是一种_____总线接口。

18. 在计算机上用于衡量光盘驱动器传输数据速率的指标称为_____。

【参考答案】

一、选择题

1. A	2. B	3. B	4. A	5. C	6. B
7. B	8. D	9. B	10. C	11. D	12. D
13. C	14. A	15. C	16. C	17. B	18. D
19. A	20. C	21. B	22. D	23. B	24. B
25. B	26. C	27. C	28. C	29. B	30. A
31. C	32. D	33. B			

二、填空题

1. 运算器、控制器、存储器、输入设备

2. 算术、逻辑

3. 内存

4. 地址

5. 系统、应用

6. 裸机

7. 打印机

8. 键盘

9. Windows、DOS、Linux、各种语言处理程序

10. Word、Excel、PowerPoint、AutoCAD、Flash

11. 操作码、操作数

12. 机器语言

13. 执行指令

14. 数据流

15. 并行

16. 存储容量、存取速度

17. 串行

18. 倍速

11
操作系统基础

一、选择题

1. 操作系统是一种_____。
    A. 应用软件　　　　　　　　　　B. 系统软件
    C. 工具软件　　　　　　　　　　D. 实用软件

2. 操作系统是现代计算机系统不可缺少的组成部分。操作系统负责管理计算机的_____。
    A. 程序　　　　　　　　　　　　B. 功能
    C. 资源　　　　　　　　　　　　D. 进程

3. 操作系统的主体是_____。
    A. 数据　　　　　　　　　　　　B. 程序
    C. 内存　　　　　　　　　　　　D. CPU

4. _____是一种源代码开放的操作系统。
    A. Android　　　　　　　　　　 B. UNIX
    C. Windows　　　　　　　　　　 D. iOS

5. 在下列操作系统中,属于分时系统是_____。
    A. UNIX　　　　　　　　　　　　B. MS DOS
    C. Windows 7　　　　　　　　　 D. Windows Server

6. 在下列操作系统中,不属于智能手机操作系统的是_____。
    A. Android　　　　　　　　　　 B. iOS
    C. Linux　　　　　　　　　　　 D. Windows Phone

7. 在下列操作系统中,运行在苹果公司 Macintosh 系列计算机上的操作系统是_____。
    A. Mac OS　　　　　　　　　　　B. UNIX
    C. Windows　　　　　　　　　　 D. Linux

8. 在 Windows 中,各应用程序之间的信息交换是通过_____进行的。
    A. 记事本　　　　　　　　　　　B. 剪贴板
    C. 画图　　　　　　　　　　　　D. 写字板

9. 将当前窗口复制到剪贴板上的命令是_____。
    A. Print Screen　　　　　　　　B. Alt + Print Screen
    C. Ctrl + Print Screen　　　　 D. Shift + Print Screen

10. 同时按下_____键可以打开任务管理器。

  A. Ctrl + Shift   B. Ctrl + Alt + Delete

  C. Ctrl + Esc   D. Alt + Tab

11. 以下_____文件被称为文本文件或 ASCII 文件。

  A. 以 EXE 为扩展名的文件   B. 以 TXT 为扩展名的文件

  C. 以 COM 为扩展名的文件   D. 以 DOC 为扩展名的文件

12. 关于多道程序系统的说法，正确的是_____。

  A. 多个程序宏观上并行执行，微观上串行执行

  B. 多个程序微观上并行执行，宏观上串行执行

  C. 多个程序宏观上和微观上都是串行执行

  D. 多个程序宏观上和微观上都是并行执行

13. 在下列关于进程的说法中，正确的是_____。

  A. 进程就是程序

  B. 正在 CPU 运行的进程处于就绪状态

  C. 处于挂起状态的进程因发生了某个事件后（需要的资源满足了）**就转换**
    为就绪状态

  D. 进程是一个静态的概念，程序是一个动态的概念

14. 进程已经获得了除 CPU 之外的所有资源并做好了运行准备时**的状态**
是_____。

  A. 就绪状态   B. 执行状态

  C. 挂起状态   D. 唤醒状态

15. 在下列关于线程的说法中，错误的是_____。

  A. 在 Windows 中，线程是 CPU 的分配单位

  B. 有些线程包含多个进程

  C. 有些进程只包含一个线程

  D. 把进程再"细分"成线程的目的是更好地实现并发处理和共享资源

16. 在下列关于文件的说法中，正确的是_____。

  A. 在文件系统的管理下，用户可以按照文件名访问文件

  B. 文件的扩展名最多只能有 3 个字符

  C. 在 Windows 中，具有隐藏属性的文件一定是不可见

  D. 在 Windows 中，具有只读属性的文件不可以删除

17. 要选定多个连续文件或文件夹的操作为：先单击第一项，然后_____再单击最后一项。

  A. 按住 Alt 键   B. 按住 Ctrl 键

C. 按住 Shift 键　　　　　　　　D. 按住 Delete 键

18. 以下关于 Windows 快捷方式的说法，正确的是_____。

    A. 一个快捷方式可指向多个目标对象

    B. 一个对象可有多个快捷方式

    C. 只有文件和文件夹对象可建立快捷方式

    D. 不允许为快捷方式建立快捷方式

19. 为打印机对象建立了一个快捷方式 A，又为快捷方式 A 建立了另一个快捷方式 B，以下说法中正确的是_____。

    A. 快捷方式 B 指向的目标对象是快捷方式 A

    B. 快捷方式 B 指向的目标对象是打印机对象

    C. 删除快捷方式 A 将导致快捷方式 B 不能工作

    D. 删除快捷方式 A 将导致打印机对象被删除

20. 假定下图是 C:盘的目录结构，当前目录为 Windows，则 Test.doc 的相对路径为_____。

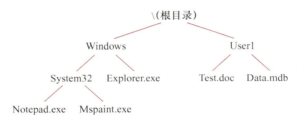

    A. C:\User1\Test.doc　　　　　　B. ..\..\User1\Test.doc

    C. .\..\User1\Test.doc　　　　　　D. ..\User1\Test.doc

21. 在搜索文件时，若用户输入"*.*"，则将搜索_____。

    A. 所有含有"*"的文件

    B. 所有扩展名中含有 * 的文件

    C. 所有文件

    D. 以上全不对

22. 在 Windows 中，若要直接删除文件而不进入回收站，正确的操作是_____。

    A. 选定文件后，按 Shift + Delete 键

    B. 选定文件后，按 Ctrl + Delete 键

    C. 选定文件后，按 Delete 键

    D. 选定文件后，按 Alt 键，再按 Delete 键

23. 在资源管理器中要同时选定不相邻的多个文件，使用_____键。

    A. Shift　　　　　　　　　　　　B. Ctrl

C. Alt D. F8

24. 若将一个应用程序添加到_____文件夹中，以后启动 Windows，即会自动启动。

A. 控制面板 B. 启动
C. 文档 D. 程序

25. 关于磁盘管理的说法，正确的是_____。

A. 磁盘可以不格式化，就能直接使用

B. 磁盘可以不创建分区，就能直接使用

C. 磁盘管理的目的是利用磁盘的所有空间

D. 必须先分区、建立逻辑驱动器、格式化后磁盘才能使用

26. 在下列关于设备管理的说法中，错误的是_____。

A. USB 设备支持即插即用

B. USB 设备支持热插拔

C. 接在 USB 口上的打印机可以不安装驱动程序

D. 在 Windows 中，对设备进行集中统一管理的是设备管理器

二、填空题

1. 操作系统具有_____、存储管理、设备管理、信息管理等功能。

2. 对信号的输入、计算和输出都能在一定的时间范围内完成的操作系统被称为_____。

3. 一个正在执行的程序称为_____。

4. 在 Windows 中，分配 CPU 时间的基本单位是_____。

5. 在 Windows 中，一个硬盘可以分为磁盘主分区和_____。

6. 文件的路径分为绝对路径和_____。

7. 已经获得了除 CPU 之外的所有资源，做好了运行的准备的进程处理_____状态。

8. Windows 中的用户分成标准用户和_____。

9. 当用户按下_____键，系统弹出"Windows 任务管理器"对话框。

10. 在 Windows 中，虚拟内存对应的页面文件是_____。

11. 要查找所有第一个字母为 A 且扩展名为 wav 的文件，应输入_____。

12. Windows 支持的文件系统有 FAT32、exFAT 和_____。

13. 选定多个连续的文件或文件夹，操作步骤为：单击所要选定的第一个文件或

文件夹，然后按住_____键，单击最后一个文件或文件夹。

14. 一个文件没有保存在一个连续的磁盘空间上而被分散存放在许多地方，这种现象被称为_____。

15. 目前是使用最广泛的智能手机操作系统是_____。

16. 运行在 iPhone、iPad 上的操作系统是_____。

【参考答案】

一、选择题

1. B 2. C 3. B 4. A 5. A
6. C 7. A 8. B 9. B 10. B
11. B 12. A 13. C 14. A 15. B
16. A 17. C 18. B 19. B 20. D
21. C 22. A 23. B 24. B 25. D
26. C

二、填空题

1. 处理机管理

2. 实时系统

3. 进程

4. 线程

5. 扩展分区

6. 相对路径

7. 就绪

8. 管理员

9. Ctrl + Alt + Delete

10. pagefile.sys

11. A*.wav

12. NTFS

13. Shift

14. 磁盘碎片（文件碎片）

15. Android

16. iOS

12 数制和信息编码

一、选择题

1. 20 世纪末，人类开始进入_____。

    A. 农业社会
    B. 工业社会
    C. 信息社会
    D. 高科技社会

2. 下列说法中，不符合信息技术发展趋势的是_____。

    A. 越来越友好的人机界面
    B. 越来越个性化的功能设计
    C. 越来越高的性能价格比
    D. 越来越复杂的操作步骤

3. 计算机中使用二进制，下面叙述中不正确的是_____。

    A. 是因为计算机只能识别 0 和 1
    B. 物理上容易实现，可靠性强
    C. 运算简单，通用性强
    D. 计算机中二进制数的 0、1 数码与逻辑量"真"和"假"的 0 与 1 吻合，便于表示和进行逻辑运算

4. 十进制数 92 转换为二进制数和十六进制数分别是_____。

    A. 01011100 和 5C
    B. 01101100 和 61
    C. 10101011 和 5D
    D. 01011000 和 4F

5. 人们通常用十六进制而不用二进制书写计算机中的数，是因为_____。

    A. 十六进制的书写比二进制方便
    B. 十六进制的运算规则比二进制简单
    C. 十六进制数表达的范围比二进制大
    D. 计算机内部采用的是十六进制

6. 浮点数之所以能表示很大或很小的数，是因为使用了_____。

    A. 较多的字节
    B. 较长的尾数
    C. 阶码
    D. 符号位

7. 在科学计算时，经常会遇到"溢出"，这是指_____。

    A. 数值超出了内存容量
    B. 数值超出了机器的位所表示的范围
    C. 数值超出了变量的表示范围
    D. 计算机出故障了

8. 在下面是关于字符之间大小关系的说法中，正确的是_____。

    A. 空格符 > b > B
    B. 空格符 > B > b
    C. b > B > 空格符
    D. B > b > 空格符

9. 计算机的多媒体技术是以计算机为工具，接受、处理和显示由_____等表示的信息技术。

    A. 中文、英文、日文
    B. 图像、动画、声音、文字和影视

C. 拼音码、五笔字型码 D. 键盘命令、鼠标器操作

10. 在不同进制的4个数中，最大的一个数是_____。
    A.（01010011）B B.（107）O
    C.（CF）H D.（78）D

11. 在计算机内部用机内码而不用国标码表示汉字的原因是_____。
    A. 有些汉字的国标码不唯一而机内码唯一
    B. 在有些情况下，国标码有可能造成误解
    C. 机内码比国标码容易表示
    D. 国标码是国家标准，而机内码是国际标准

12. 汉字系统中的汉字字库里存放的是汉字的_____。
    A. 机内码 B. 输入码
    C. 字形码 D. 国标码

13. 已知8位机器码10110100，它是补码时，表示的十进制真值是_____。
    A. -76 B. 76
    C. -70 D. -74

14. 以下式子中不正确的是_____。
    A. 1101010101010（B）>FFF（H） B. 123456＜123456（H）
    C. 1111＞1111（B） D. 9（H）>9

15. 对补码的叙述，_____不正确。
    A. 负数的补码是该数的反码最右加1
    B. 负数的补码是该数的原码最右加1
    C. 正数的补码就是该数的原码
    D. 正数的补码就是该数的反码

16. 在进行素材采集的时候，_____方法获得的图片不是位图图像。
    A. 使用数码相机拍得的照片
    B. 用绘图软件绘制图形
    C. 使用扫描仪扫描杂志上的照片
    D. 使用Windows"画图"软件绘制的图像

17. 下列_____组软件都是多媒体处理软件。
    A. Photoshop、Word、Media Player、Flash
    B. Access、PowerPoint、Windows优化大师、Flash
    C. Authorware、PowerPoint、Photoshop、Excel
    D. Cool Edit Pro、Authorware、Media player、Flash

18. 一般说来，要求声音的质量越高，则_____。
    A. 量化级数越低和采样频率越低　　B. 量化级数越高和采样频率越高
    C. 量化级数越低和采样频率越高　　D. 量化级数越高和采样频率越低
19. 下列采样的波形声音质量最好的是_____。
    A. 单声道、8 位量化、44.1 kHz 采样频率
    B. 双声道、8 位量化、22.05 kHz 采样频
    C. 双声道、16 位量化、44.1 kHz 采样频率
    D. 单声道、16 位量化、22.05 kHz 采样频率
20. MIDI 文件中记录的是_____。
    A. 乐谱　　　　　　　　　　　　B. MIDI 量化等级和采样频率
    C. 波形采样　　　　　　　　　　D. 声道
21. 下列声音文件格式中，_____是波形声音文件格式。
    A. WAV　　　　　　　　　　　　B. CMF
    C. VOC　　　　　　　　　　　　D. MID
22. 下列_____说法是不正确的。
    A. 图像都是由一些排成行列的像素组成的，通常称为位图或点阵图
    B. 图形是用计算机绘制的画面，也称矢量图
    C. 图像的数据量较大，所以彩色图（如照片等）不可以转换为图像数据
    D. 图形文件中只记录生成图的算法和图上的某些特征点，数据量较小
23. 音频与视频信息在计算机内是以_____表示的。
    A. 模拟信息　　　　　　　　　　B. 模拟信息或数字信息
    C. 数字信息　　　　　　　　　　D. 某种转换公式
24. 图书馆收藏了 10 000 张分辨率为 1 280×1 024 的真彩（24 位）的第二次世界大战的珍贵历史图片，想将这些图片刻录到光盘上，假设每张 CD 光盘可以存放 600 MB 的信息，最少需要_____光盘。
    A. 100 张　　　　　　　　　　　B. 65 张
    C. 55 张　　　　　　　　　　　 D. 85 张
25. 如下_____不是图形图像文件的扩展名。
    A. MP3　　　　　　　　　　　　B. BMP
    C. GIF　　　　　　　　　　　　D. WMF
26. WAV 波形文件与 MIDI 文件相比，下述叙述中不正确的是_____。
    A. WAV 波形文件比 MIDI 文件音乐质量高

B. 存储同样的音乐文件，WAV 波形文件比 MIDI 文件存储量大

C. 在多媒体使用中，一般背景音乐用 MIDI 文件、解说用 WAV 文件

D. 在多媒体使用中，一般背景音乐用 WAV 文件、解说用 MIDI 文件

二、填空题

1. 信息社会的主要特征是社会信息化、设备数字化、_____。

2. 信息社会的主要动力就是以_____、通信技术和控制技术为核心的现代信息技术的飞速发展和广泛应用。

3. 在信息社会中，_____成为比物质和能源更为重要的资源。

4. 编码是用数字、字母等按规定的方法和位数来代表_____。

5. 在计算机中存储的文字、图形、图像、音频文件等，都是被_____化了的、以文件形式存放的数据，以利于信息的管理。

6. 十进制数 57.2（D）分别转换成二进制数_____B、八进制数_____O、十六进制数_____H。

7. 二进制数 110110010.100101（B）分别转换成十六进制数是_____H、八进制数_____O 和十进制数_____D。

8. 假定一个数在机器中占用 8 位，则 -23 的补码、反码、原码依次为_____、_____、_____。

9. 汉字输入时采用_____，存储或处理汉字时采用_____，输出时采用_____。

10. 在非负的整数中，有_____个数的八进制形式与十六进制形式完全相同。

11. 二进制数右起第 10 位上的 1 相当于 2 的_____次方。

12. 已知$[x]_{补}$ = 10001101，则$[x]_{原}$为_____，$[x]_{反}$为_____。

13. 利用两个字节编码，可表示_____个状态。

14. 浮点数取值范围的大小由_____决定，而浮点数的精度由_____决定。

15. 用 1 个字节表示的非负整数，最小值为_____，最大值_____。

16. 字符"B"的 ASCII 码值为 42H，则可推出字符"K"的 ASCII 码值为_____。

17. 1 KB 内存最多能保存_____个 ASCII 码字符。

18. GB2312-80 国标码最高位为_____，为防止与 ASCII 码混合，因此，在机内处理时采用_____码。

19. 40×40 点阵的一个汉字，其字形码占_____字节，若为 24×24 点阵的汉

字，其字形码占_____字节。

20. 一幅彩色图像的像素是由_____三种颜色组成的。

21. 对声音采样时，数字化声音的质量主要受3个技术指标的影响，它们是_____、_____、_____。

22. 一幅24位真彩色图像（没压缩的BMP位图文件），文件大小1 200 KB，若将其分别保存为256色、16色、单色位图文件，文件大小大约是_____、_____、_____KB。

【参考答案】

一、选择题

1. C	2. D	3. A	4. A	5. A
6. C	7. B	8. C	9. B	10. C
11. C	12. C	13. A	14. D	15. B
16. B	17. D	18. B	19. C	20. A
21. A	22. C	23. C	24. B	25. A
26. D				

二、填空题

1. 通信网络化

2. 计算机技术

3. 信息

4. 特定的信息

5. 数字

6. 111001.001100110011、71.1463、39.333

7. 1B2.94、662.45、434.58

8. 11101001、11101000、10010111

9. 输入码、机内码、字形码

10. 8

11. 9

12. 11110011、10001100

13. 2^{16} 或 65 536

14. 阶码、尾数

15. 0、255

16. 4BH
17. 1 024
18. 0、机内码
19. 200、72
20. 红、绿、蓝
21. 采样频率、量化位数（即采样精度）、声道数
22. 400、200、50

13
数据处理

一、选择题

1. 数据不但包括一般数值，还包括_____。
   A. 文字、符号 B. 图表、图像
   C. 声音、视频信号 D. 以上都可以

2. 数据处理的主要任务是_____。
   A. 数据存储 B. 数据加工处理
   C. 数据检索 D. 数据传输

3. _____不属于 Microsoft Office 2010 中的组件。
   A. Access B. OneNote
   C. Word D. Microsoft Visual Studio

（一） Word 部分

4. 在使用 Word 2010 对编辑的文档进行"另存为"保存时，_____表述是错误的。
   A. 可将正在编辑的文档另存为一个纯文本（txt）文件
   B. 可将正在编辑的文档另存为一个 PDF（pdf）文件
   C. 可以将正在编辑的文档保存为 Word 97－2003 文档（doc）文件
   D. 可将正在编辑的文档保存为 Excel 2010 文档（xlsx）文件

5. 在页眉或页码插入的日期域代码在文档打印时_____。
   A. 随实际系统日期改变
   B. 固定不变
   C. 由用户是否选择"自动更新域"复选框决定
   D. 无法预见

6. 在 Word 2010 中，有关表格的操作，_____表述是错误的。
   A. 可以插入有规则的表格
   B. 可以绘制无规则的表格
   C. 可以将文本转换为表格
   D. 不可以在表格的某单元格再建立表格

7. Word 的查找和替换功能很强，不属于其中之一的是_____。
   A. 能够查找和替换带格式或样式的文本
   B. 能够查找图形对象
   C. 能够用统配字符进行快速、复杂的查找和替换

D. 能够查找和替换文本中的格式

8. 如果要查询当前文档中包含的字符数，_____。
   A. 选择"引用"选项卡"目录"组中相关按钮
   B. 选择"文件"选项卡"信息"组命令
   C. 选择"审阅"选项卡"校对"组中"字数统计"按钮
   D. 无法实现

9. 在 Word 2010 对表格的拆分和合并操作时，_____表述是错误的。
   A. 对表格拆分，可以左右拆分
   B. 对单元格的合并，可以上下或左右进行
   C. 对单元格的拆分，可以上下或左右进行
   D. 一个表格可以进行上下拆分

10. 关于 Word 2010 的页码设置，_____表述是错误的。
    A. 页码可以被插入到页眉页脚区域
    B. 页码可以被插入到左右页边距
    C. 如果希望首页与其他页不同，必须设置"首页不同"
    D. 可以对插入的页码设置各种形式

11. _____选项卡不是 Word 2010 的默认选项卡。
    A. 审阅   B. 插入
    C. 图表工具   D. 视图

12. 在 Word 排版时若希望将多个段落的内容进行各种不同的分栏，应先在需分栏的段落插入_____分隔符，然后再进行所需的分栏。
    A. 分页符   B. 分栏符
    C. 分节符（奇数页）   D. 分节符（连续）

13. 在 Word 2010 中的"插入"选项卡"插图"组的各按钮不可插入_____。
    A. 公式   B. 剪贴画
    C. 图片   D. 形状

14. _____项目不属于 Word 2010 字体的功能。
    A. 文字效果   B. 文字任意角度旋转
    C. 文字加圈   D. 汉字加拼音

15. 在 Word 2010 默认情况下，输入了错误的英文单词时，系统会_____。
    A. 系统铃响，提示出错
    B. 在单词下有绿色下画波浪线
    C. 在单词下有红色下画波浪线

D. 自动更正

(二) Excel 部分

16. Excel 工作"编辑"栏包括_____。

    A. 名称框　　　　　　　　　　B. 编辑框

    C. 状态栏　　　　　　　　　　D. 名称框和编辑框

17. 在某个单元格的数值为 1.234E+05，它与_____相等。

    A. 23405　　　　　　　　　　B. 2345

    C. 6.234　　　　　　　　　　D. 123400

18. 如果某单元格显示为 #VALUE! 或 #DIV/0!，表示_____。

    A. 公式错误　　　　　　　　　B. 格式错误

    C. 行高不够　　　　　　　　　D. 列宽不够

19. 如果某单元格显示为若干个"#"号（如########），表示_____。

    A. 公式错误　　　　　　　　　B. 数据错误

    C. 行高不够　　　　　　　　　D. 列宽不够

20. 如果某单元格输入 ="电子表格" & "Excel"，结果为_____。

    A. 电子表格 & Excel

    B. "电子表格" & "Excel"

    C. 电子表格 Excel

    D. 以上都不对

21. 关于"合并单元格"的叙述，下列错误的是_____。

    A. 仅能向右合并　　　　　　　B. 也能向左合并

    C. 左右都能合并　　　　　　　D. 上下也能合并

22. 关于跨列居中的叙述，下列正确的是_____。

    A. 仅能向右扩展跨列居中

    B. 也能向左跨列居中

    C. 跨列居中与合并及居中一样，是将几个单元格合并成一个单元格并居中

    D. 执行了跨列居中后的数据显示且存储在所选区域的中间

23. 要在当前工作表（Sheet1）的 A2 单元格中引用另一个工作表（如 Sheet2）中 A2 到 A7 单元格的和，则在当前工作表的 A2 单元格输入的表达式应为_____。

    A. =SUM(Sheet2！A2+A7)　　　B. =SUM(Sheet2！A2:Sheet2！A7)

    C. =SUM((Sheet2)A2:A7)　　　D. =SUM((Sheet2)A2:(Sheet2)A7)

24. 关于筛选的记录的叙述，下面_____是错误的。

    A. 不打印　　　　　　　　　　B. 不显示

C. 永远丢失了　　　　　　D. 可以恢复

25. 当对建立的图表进行修改，下列叙述正确的是_____。

　　A. 先修改工作表的数据，再对图表进行相应的修改

　　B. 先修改图表中的数据点，再对工作表中相关数据进行修改

　　C. 工作表的数据和相应的图表是关联的，用户只要对工作表的数据修改，图表就会自动相应更改

　　D. 当在图表中删除了某个数据点，则工作表中相关数据也被删除

26. 在 Excel 中，若选中了要修改的图表，这时增加了活动选项卡_____。

　　A. 数据　　　　　　　　B. 图表工具

　　C. 数据透视表　　　　　D. 以上叙述均不正确

27. Excel 工作表中，_____是单元格的混合引用。

　　A. B10　　　　　　　　B. B10

　　C. B$10　　　　　　　 D. 以上都不是

28. 为了输入一批有规律的递减数据，在使用填充柄实现时，应先选中_____。

　　A. 有关系的相邻区域

　　B. 任意有值的一个单元格

　　C. 不相邻的区域

　　D. 不要选择任意区域

29. 若某单元格中的公式为 " =IF("教授" >"助教",TRUE,FALSE)"，其计算结果为_____。

　　A. TRUE　　　　　　　B. FALSE

　　C. 教授　　　　　　　 D. 助教

30. 当前工作表上有一个学生情况数据列表（包含学号、姓名、专业、三门主课成绩等字段），如要显示按专业的每门课的平均成绩，以下最合适的方法是_____。

　　A. 数据透视表　　　　　B. 筛选

　　C. 排序　　　　　　　 D. 建立图表

31. 为了取消分类汇总的操作，必须_____。

　　A. 执行"编辑"|"删除"命令

　　B. 按 Delete 键

　　C. 在分类汇总对话框中单击"全部删除"按钮

　　D. 以上都不可以

32. 在 Excel 中，对排序叙述不正确的是_____。

　　A. 只能对数据列表中按列排序，不能按行排序

B. 如果只有一个排序关键字，可以直接使用工具栏的"⇅"或"⇵"按钮

C. 当使用"⇅"或"⇵"按钮排序，只改变排序列的次序，其他列的数据不同步改变

D. 当要对多个关键字排序，只能使用"数据"|"排序"命令

33. 某个单元格输入公式后，_____叙述是正确的。

    A. 单元格内显示公式，编辑栏显示计算结果

    B. 单元格内显示结果，编辑栏显示公式

    C. 单元格和编辑栏都显示公式

    D. 单元格和编辑栏都显示计算的结果

34. 对 Excel 中的数据表，要显示出满足给定条件的数据，_____方法最合适。

    A. 排序   B. 筛选
    C. 分类汇总   D. 有效数据

35. 对数据表单击"筛选"按钮后，数据表的每个字段名旁对应有一个_____，表示处于筛选状态。

    A. 下拉按钮   B. 对话框
    C. 窗口   D. 没有变化

（三）PowerPoint 部分

36. 在 PowerPoint 2010 中，对演示文稿提供的视图显示方式有_____。

    A. 普通、幻灯片浏览、对话框、阅读版式

    B. 普通、幻灯片浏览、幻灯片放映、阅读版式

    C. 普通、幻灯片放映、大纲、页面

    D. 幻灯片浏览、幻灯片放映、幻灯片母版、幻灯片版式

37. 在 PowerPoint 中，安排幻灯片对象的布局可选择_____来设置。

    A. 应用设计模板   B. 幻灯片版式
    C. 背景   D. 配色方案

38. 在空白幻灯片中不可以直接插入_____。

    A. 文本框   B. 文字
    C. 艺术字   D. 表格

39. 在当前演示文稿中要新增一张幻灯片，采取_____方式。

    A. 选择"文件"选项卡的"新建"命令

    B. 选择"开始"选项卡的"复制"和"粘贴"按钮

    C. 选择"开始"选项卡的"新建幻灯片"按钮

    D. 以上都不可以

40. 在_____视图，可方便地对幻灯片进行移动、复制、删除等编辑操作。

  A. 幻灯片浏览   B. 普通

  C. 幻灯片放映   D. 阅读视图

41. 要使每张幻灯片的标题具有相同的字体格式、相同的图标，应通过_____快速地实现。

  A. 选择"视图"选项卡"母版视图"组的"幻灯片母版"按钮

  B. 选择"格式"选项卡"背景"组的"背景样式"按钮

  C. 选择"格式"选项卡"字体"组的相关按钮

  D. 选择"格式"选项卡的"格式刷"按钮

42. 在幻灯片母版中插入的对象，只能在_____可以修改。

  A. 普通视图   B. 幻灯片母版

  C. 讲义母版   D. 以上都不可以

43. 幻灯片各对象的动画效果，通过"动画"选项卡_____来设置。

  A. "动画"组打开快翻按钮选择所需的动画方式

  B. "高级动画"组的"添加动画"下拉按钮

  C. "高级动画"组"动画刷"按钮

  D. 以上都可以

44. 已设置了幻灯片的动画，但没有动画效果，是因为_____。

  A. 没有切换到普通视图   B. 没有切换到幻灯片浏览视图

  C. 没有设置动画   D. 没有切换到幻灯片放映视图

45. 若要超级链接到其他文档，_____是不正确的。

  A. 快捷菜单的"超链接"命令

  B. "插入"选项卡"链接"组的"超链接"按钮

  C. "开始"选项卡"新建幻灯片"下拉列表的"重用幻灯片"命令

  D. "插入"选项卡"链接"组的"动作"按钮

46. 幻灯片的切换方式是指_____。

  A. 在编辑新幻灯片时的过渡形式

  B. 在编辑幻灯片时切换不同视图

  C. 在编辑幻灯片时切换不同的设计模板

  D. 在幻灯片放映时两张幻灯片间过渡形式

47. 在 PowerPoint 2010 中，可以使用_____选项卡上的"声音"命令为切换幻灯片时添加声音。

  A. 动画   B. 切换

C. 设计　　　　　　　　　　D. 插入

48. PowerPoint 2010 中，在打印幻灯片时，一张 A4 纸最多可打印＿＿＿＿张幻灯片。

　　A. 9　　　　　　　　　　B. 3
　　C. 6　　　　　　　　　　D. 任意

49. 对于幻灯片中插入音频，下列叙述错误的是＿＿＿＿。

　　A. 可以循环播放，直到停止
　　B. 可以播完返回开头
　　C. 可以插入录制的音频
　　D. 插入音频后显示的小图标不可以隐藏

50. 关于插入在幻灯片里的图片、图形等对象，下列操作描述中正确的是＿＿＿＿。

　　A. 这些对象放置的位置不能重叠
　　B. 这些对象放置的位置可以重叠，叠放的次序可以改变
　　C. 这些对象无法一起被复制或移动
　　D. 这些对象各自独立，不能组合为一个对象

51. 关于幻灯片"主题"表述错误的是＿＿＿＿。

　　A. 可以在"文件"|"选项"中更改
　　B. 可以应用于指定幻灯片
　　C. 可以对已使用的主题进行更改
　　D. 可以应用于所有幻灯片

52. 改变演示文稿外观可以通过＿＿＿＿。

　　A. 修改主题　　　　　　　B. 修改母版
　　C. 修改背景样式　　　　　D. 以上三个都对

53. 若想撤销早已定义的切换幻灯片动画，应使用＿＿＿＿来实现。

　　A. "切换"选项卡的"切换到幻灯片"组的"无"选项
　　B. "动画"选项卡的"动画"组的"无"选项
　　C. 常用的 ⤺▾ 按钮
　　D. 已经设置了动画没有办法撤销

54. 要从第 4 张幻灯片转跳到第 10 张，可以使用＿＿＿＿实现。

　　A. 添加动画　　　　　　　B. 添加超链接
　　C. 添加幻灯片切换效果　　D. 排练计时

55. 在幻灯片放映中，下面表述正确的是＿＿＿＿。

A. 幻灯片的放映必须是从头到尾全部放映

B. 循环放映是对某张幻灯片循环放映

C. 幻灯片放映必须要有大屏幕投影仪

D. 在幻灯片放映前可以根据使用者的不同，有 3 种放映方式选择

二、填空题

1. 数据处理软件有两类，通用应用软件和_____。

2. 数据处理软件有两类，学生选课系统属于_____软件。

3. 目前常用的办公软件包有微软公司的_____和我国金山公司的 WPS Office 等。

4. 数据处理是对数据的采集、_____、检索、加工、变换和传输。

（一）Word 部分

5. Word 2010 文档的扩展名是_____、模板文档的扩展名是_____。

6. 在 Word 2010 中，要列出最近操作过的 Word 文档，可在"文件"选项卡选择_____选项。

7. 在"段落"功能组对文本提供了 5 种对齐方式的按钮，要将文字在一行上均匀分布，可选择_____按钮。

8. 页脚是位于页面的_____，页眉是位于页面的_____。

9. 要快速将插入点定位于长文档的某一页，例如第 56 页，最方便的操作方式为_____。

10. Word 中对插入的图片有浮动式和嵌入式两种显示形式，在 Word 2010 中，默认插入的图片是_____式。

11. 在 Word 2010 中通过"插入"选项卡"形状"下拉按钮绘制的图形默认显示形式是_____。

12. Word 中创建目录时首先要对文档利用系统或自定义的_____功能，对文档进行多级格式化。

13. 如果要将彩色图片设置成水印颜色，选择"页面布局"选项卡"页面背景"组的_____按钮来实现。

14. 调整图片大小可以用鼠标拖动图片四周任一控制点，但只有拖动_____控制点，才能使图片等比例缩放。

15. 要将另一文档插入到当前文档当前光标所在的位置，应选择"插入"选项卡"文本"功能组的_____按钮的_____选项，在打开的"插入文件"对话框选择

所需插入的文件即可。

（二）Excel 部分

16. 在默认情况下建立的 Excel 工作簿有_____张工作表。

17. 要输入计算的公式，则必须输入_____符号开头。

18. 在单元格输入数据时，默认情况下，数值数据_____对齐存放，字符数据_____对齐存放；当输入内容超过列宽，而右边列有内容时，数值数据以_____形式显示，字符数据以_____形式显示。

19. 要选中不连续的多个区域，按住_____键配合鼠标操作。

20. 要快速定位到某单元格，例如 X999 单元格，最快捷的方法是_____。

21. 为了有效地对数据进行分类汇总，在执行"分类汇总"前，必须要对分类的字段进行_____操作。

22. 已知固定利率及等额分期付款方式，要获得返回贷款的每期付款额函数是_____。

23. 要对数据输入进行合法性检验，则通过 Excel 的_____进行有关的设置来实现。

24. 函数 AVERAGE(A1:A3)相当于用户输入的_____公式。

25. 利用函数或公式对某些单元格内容（简称数据源）进行统计后，若改变数据源的某些值后，系统_____修改统计结果。

26. 用分类汇总功能，只能对一个字段进行分类统计，若要对多个字段进行分类统计，则只能通过_____功能来实现。

（三）PowerPoint 部分

27. 可以编辑、修改幻灯片中各对象的视图是_____。

28. 复制、删除、移动幻灯片在_____视图下进行。

29. 当在幻灯片中插入音频以后，幻灯片中将会出现_____标记。

30. 设置超链接有_____、_____两种形式，主要区别是_____。

31. 在幻灯片放映过程中，使用快捷菜单"指针形状"子菜单的"笔""荧光笔"命令在幻灯片上讲解时进行的涂写，实际上_____直接在幻灯片中进行各种涂写。

32. 要设置幻灯片的起始编号，应通过"设计"选项卡执行_____命令来实现。

33. 设置动画有两种方式，可通过"动画"选项卡的_____组和"高级动画"组来实现。

34. 要停止正在放映的幻灯片，只要按_____键即可。

35. 要选中不连续的幻灯片，应在_____视图下，按住_____键与鼠标单击所需的幻灯片。

【参考答案】

一、选择题

1. D	2. B	3. D	4. D	5. C
6. D	7. B	8. C	9. A	10. B
11. C	12. D	13. A	14. B	15. C
16. D	17. D	18. A	19. D	20. C
21. A	22. A	23. B	24. C	25. C
26. B	27. C	28. A	29. B	30. A
31. C	32. C	33. B	34. B	35. A
36. B	37. B	38. B	39. C	40. A
41. A	42. B	43. D	44. D	45. C
46. D	47. B	48. A	49. D	50. B
51. A	52. D	53. A	54. B	55. D

二、填空题

1. 专用数据处理软件

2. 专用数据处理软件

3. Microsoft Office

4. 存储

5. docx、dotx

6. 最近所用文件

7. 分散对齐

8. 下页边距内、上页边距内

9. 双击状态栏的页码处，在弹出的"查找和替换"对话框的"定位"选项卡中输入页码"56"即可

10. 嵌入式

11. 浮动式

12. 样式

13. 水印

14. 四个角之一的

15. 对象、文件中的

16. 3

17. =
18. 右、左、科学计数法、截断
19. Ctrl
20. 编辑工具栏的名称框输入 X999
21. 排序
22. PMT
23. "数据"选项卡"数据工具"组的"数据有效性"按钮
24. =（A1＋A2＋A3）/3
25. 自动
26. 数据透视表
27. 普通视图
28. 幻灯片浏览
29. 喇叭
30. 插入超链接、动作按钮。主要外观显示不同，前者以下划线表示超链接，后者以动作按钮表示
31. 没有
32. 页面设置
33. 动画
34. Esc
35. 幻灯片浏览、Ctrl 键

14 数据库技术基础

一、选择题

1. 数据模型是数据库中数据的存储方式,是数据库系统的基础。在几十年的数据库发展史中,出现了许多重要的数据库模型。目前,应用最广泛的是_____模型。

   A. 层次模型　　　　　　　　　　B. 关系模型
   C. 网状模型　　　　　　　　　　D. 对象模型

2. 数据库系统相关人员是数据库系统的重要组成部分,有三类人员:_____、应用程序开发人员和最终用户。

   A. 数据库管理员　　　　　　　　B. 程序员
   C. 高级程序员　　　　　　　　　D. 软件开发商

3. 在数据库中存储的是_____。

   A. 信息　　　　　　　　　　　　B. 数据
   C. 数据结构　　　　　　　　　　D. 数据模型

4. 在下面关于数据库的说法中,错误的是_____。

   A. 数据库有较高的安全性
   B. 数据库有较高的数据独立性
   C. 数据库中的数据可被不同的用户共享
   D. 数据库没有数据冗余

5. 在下列软件中,不属于数据库管理系统的是_____。

   A. Access　　　　　　　　　　　B. Android
   C. MySQL　　　　　　　　　　　D. SQL Server

6. _____不是数据库系统的特点。

   A. 较高的数据独立性
   B. 最低的冗余度
   C. 数据多样性
   D. 较好的数据完整性

7. 在下面关于数据表的说法中,错误的是_____。

   A. 一个数据表可以包含多个数据库
   B. 通过设计视图可以修改表的结构
   C. 可以将其他数据库的数据导入到当前数据库中
   D. 可以将 Excel 中的数据导入到当前数据库中

8. 在下列数据库管理系统中,不属于关系型的_____。

A. Microsoft Access   B. SQL Server
C. Oracle   D. DBTG 系统

9. Access 是_____数据管理系统。
   A. 层状   B. 网状
   C. 关系型   D. 树状

10. 在 Access 中，数据库的基础和核心是_____。
    A. 表   B. 查询
    C. 窗体   D. 报表

11. 在下面关于 Access 数据库的说法中，错误的是_____。
    A. 数据库文件的扩展名为 accdb
    B. 一个表中至少有一个主键
    C. 一个数据库可以包含多个表
    D. 表是数据库中最基本的对象，没有表也就没有其他对象

12. 在一个单位的人事数据库中，字段"简历"的数据类型应该是_____。
    A. 文本型   B. 数字型
    C. 日期/时间型   D. 备注型

13. 在一个学生数据库中，字段"学号"应该是_____。
    A. 数字型   B. 文本型
    C. 自动编号型   D. 备注型

14. 在 Access 中，如果要在某个字段中存放图像，则该字段类型应该为_____。
    A. OLE 对象   B. 文本类型
    C. 备注类型   D. 超长的文本类型

15. 在下面关于 Access 数据类型的说法中，错误的是_____。
    A. 自动编号型字段的宽度为 4 个字节
    B. 是/否型字段的宽度为 1 个二进制位
    C. OLE 对象的长度是不固定的
    D. 文本型字段的长度为 255 个字符

16. 内部合计函数 Sum（字段名）的作用是求同一组中所在字段内所有值的_____。
    A. 和   B. 平均值
    C. 最小值   D. 第一个值

17. 内部合计函数 Avg（字段名）的作用是求同一组中所在字段上所有值的_____。

A. 和 B. 平均值
C. 最小值 D. 第一个值

18. 子句"WHERE 性别="女" and 工资额>2000"的作用是处理_____。
    A. 性别为"女"并且工资额大于2 000 的记录
    B. 性别为"女"或者工资额大于2 000 的记录
    C. 性别为"女"并非工资额大于2 000 的记录
    D. 性别为"女"或者工资额大于2 000,且二者择一的记录

19. 在下列 SELECT 语句中,正确的是_____。
    A. Select 工号,姓名,应发工资－扣除工资 as 实发工资 From 职工基本情况表 Order By 应发工资－扣除工资
    B. Select 工号,姓名,应发工资－扣除工资 as 实发工资 From 职工基本情况表 Order By 实发工资
    C. Select 工号,姓名,应发工资－扣除工资 as 实发工资 Order By 实发工资 From 职工基本情况表
    D. Select 工号,姓名,应发工资－扣除工资 as 实发工资 Order By 应发工资－扣除工资 From 职工基本情况表
    E. Select 工号,姓名,应发工资－扣除工资 as 实发工资 From "职工基本情况表" Order By 应发工资－扣除工资

20. 如果在创建表中建立字段"基本工资额",其数据类型应该是_____。
    A. 文本类型 B. 货币类型
    C. 日期类型 D. 数字类型

21. 在 Access 中,下列字段的数据类型是8个字节的是_____。
    A. 数字类型 B. 备注类型
    C. 日期/时间型 D. OLE 类型

22. 在下面关于表的说法中,错误的是_____。
    A. 数据表是 Access 数据库中的重要对象之一
    B. 通过设计视图用于修改表的结构
    C. 一个表可以包含多个数据库
    D. 可以将其他数据库的表导入到当前数据库中

23. 在关系型数据库中,二维表中的一行被称为_____。
    A. 字段 B. 数据
    C. 记录 D. 数据视图

24. 定义某一个字段的默认值的作用是_____。

    A. 当输入非法数据时所显示的信息

    B. 不允许字段的值超出某个范围

    C. 在未输入数值之前，系统自动提供数值

    D. 系统自动把小写字母转换为大写字母

二、填空题

1. _____是数据库系统的核心组成部分，数据库的一切操作，如查询、更新、插入、删除以及各种控制，都是通过它进行的。

2. 数据库管理系统的英文简称是_____。

3. 1968 年，IBM 公司推出的数据库管理系统 IMS 属于_____模型。

4. 用一组二维表表示实体及实体间的关系的数据模型是_____。

5. 在 Access 中，日期型数据用"_____"括起来。

6. 一个表中可能有多个关键字，但在实际的应用中只能选择一个，被选用的关键字称为_____。

7. Access 2010 数据库文件的扩展名为_____。

8. 在 Access 中，如果要在某个字段中存放图像，则该字段类型应该为_____。

9. 如果在某个表中需要创建"基本工资额"字段，则其数据类型应该是_____。

10. 用于连接两个字符串的运算符为_____。

11. 除了自动编号型字段以外，如果表中某个字段在 INSERT 中没有出现，则这些字段上的值取为_____。

12. 在 SQL 中，用于数据更新和修改的语句是_____。

13. 在 SQL 中，用于删除记录的语句是_____。

14. 在 SELECT 语句中，若要为查询的列指定别名，则应使用_____子句。

15. 在 SELECT 语句中，用于排序的子句是_____。

16. 在 SELECT 语句中，用于分组的子句是_____。

17. 在 SELECT 语句中，如果要求查询结果中不能出现重复的记录，则使用_____。

18. 表 14.1 是某个单位的人事信息数据表的结构，请输入各字段应采用的字段类型、字段宽度。

▶ 表 14.1 表 Teachers 的结构

字 段 名 称	字 段 类 型	字 段 宽 度
编号		
部门		
姓名		
性别		
出生日期		
职务		
职称		
政治面貌		
工资		
简历		
照片		
联系电话		

【参考答案】

一、选择题

1. B 2. A 3. B 4. D 5. B
6. C 7. A 8. D 9. C 10. A
11. B 12. D 13. B 14. A 15. D
16. A 17. B 18. A 19. A 20. B
21. C 22. C 23. C 24. C

二、填空题

1. 数据库管理系统

2. DBMS

3. 层次模型

4. 关系模型

5. #

6. 主键

7. accdb

8. OLE 对象

9. 货币类型

10. &

11. 默认值
12. UPDATE
13. DELETE
14. AS
15. ORDER BY
16. GROUP BY
17. DISTINCT
18. 略

15 计算机网络基础

一、选择题

1. 计算机网络最突出的优点是_____。
   A. 运算速度快　　　　　　　　B. 存储容量大
   C. 运算容量大　　　　　　　　D. 可以实现资源共享

2. 计算机网络是通过通信媒体，把各个独立的计算机互相连接而建立起来的系统。它实现了计算机与计算机之间的资源共享和_____。
   A. 屏蔽　　　　　　　　　　　B. 独占
   C. 通信　　　　　　　　　　　D. 交换

3. 以下_____不是计算机网络的主要功能。
   A. 信息交换　　　　　　　　　B. 资源共享
   C. 分布式处理　　　　　　　　D. 并发性

4. 以下各项中不属于服务器提供的共享资源是_____。
   A. 硬件　　　　　　　　　　　B. 软件
   C. 数据　　　　　　　　　　　D. 传真

5. 传送速率单位 bps 代表的意义是_____。
   A. Bytes per Second　　　　　B. Bits per Second
   C. Baud per Second　　　　　D. Billion per Second

6. 网络类型按通信范围分_____。
   A. 局域网、以太网、广域网　　B. 局域网、城域网、广域网
   C. 电缆网、城域网、广域网　　D. 中继网、局域网、广域网

7. LAN 是_____的英文缩写。
   A. 城域网　　　　　　　　　　B. 网络操作系统
   C. 局域网　　　　　　　　　　D. 广域网

8. 一个学校组建的计算机网络属于_____。
   A. 城域网　　　　　　　　　　B. 局域网
   C. 内部管理网　　　　　　　　D. 学校公共信息网

9. 通信双方为了实现通信而设计的规则称为_____。
   A. 体系结构　　　　　　　　　B. 协议
   C. 网络拓扑　　　　　　　　　D. 模型

10. OSI 将复杂的网络通信分成_____个层次进行处理。
    A. 3　　　　　　　　　　　　B. 5

C. 6 D. 7

11. OSI 模型的最高层是_____，最低层是_____。

    A. 网络层/应用层　　　　　　B. 应用层/物理层

    C. 传输层/链路层　　　　　　D. 表示层/物理层

12. TCP/IP 协议是 Internet 中计算机之间通信所必须共同遵循的一种_____。

    A. 信息资源　　　　　　　　B. 硬件

    C. 通信规定　　　　　　　　D. 应用软件

13. TCP 协议的主要功能是_____。

    A. 数据转换　　　　　　　　B. 分配 IP 地址

    C. 路由控制　　　　　　　　D. 实现数据的可靠交付

14. 搭建一个计算机网络需要网络硬件设备和_____。

    A. 体系结构　　　　　　　　B. 资源子网

    C. 网络软件　　　　　　　　D. 传输介质

15. 局域网硬件中占主要地位的是_____。

    A. 服务器　　　　　　　　　B. 工作站

    C. 公用打印机　　　　　　　D. 网卡

16. _____工作在 OSI 体系结构的网络层，一般用来实现不同类型的局域网互连，或实现局域网与广域网的互连。

    A. 交换机　　　　　　　　　B. Hub

    C. 网卡　　　　　　　　　　D. 路由器

17. 计算机网络中使用的设备 Hub 指_____。

    A. 网卡　　　　　　　　　　B. 交换器

    C. 集线器　　　　　　　　　D. 路由器

18. 下列计算机网络的传输介质中，数据传输速度最快的是_____。

    A. 光纤　　　　　　　　　　B. 无线电波

    C. 双绞线　　　　　　　　　D. 红外线

19. 有线网络的传输媒体不包括_____。

    A. 电缆　　　　　　　　　　B. 微波

    C. 光缆　　　　　　　　　　D. 双绞线

20. 在下列传输媒体中，_____不属于无线网络的传输媒体。

    A. 无线电波　　　　　　　　B. 微波

    C. 红外线　　　　　　　　　D. 光纤

21. 不属于局域网常用拓扑结构的是_____。

A. 星形结构 B. 分布式结构
C. 总线结构 D. 环形结构

22. 在局域网中，所有的计算机均连接到一条通信传输线路上，这种连接结构被称为_____。

A. 网状结构 B. 星形结构
C. 总线结构 D. 环形结构

23. 树形拓扑结构可以看作是_____的扩展。

A. 星形结构 B. 总线型结构
C. 环形结构 D. 网络结构

24. 在下列标准中，_____是属于以太网标准。

A. IEEE 803.2
B. IEEE 802.11
C. IEEE 802.11g
D. IEEE 802.3

25. _____是纯粹 AP 与宽带路由器的一种结合体。

A. 网卡 B. 无线路由器
C. Modem D. 交换机

二、填空题

1. 计算机网络是由通信子网和_____子网组成的。

2. 计算机网络按照其延伸距离划分为_____、城域网和广域网。

3. 衡量计算机网络的性能指标有许多，其中速率指计算机在数字信道上传送数据的速率，_____指通信线路所能传送数据的能力。

4. 在计算机网络中共享的资源包括硬件资源、软件资源和_____共享。

5. _____是计算机网络中通信双方为了实现通信而设计的规则。

6. 国际标准化组织制定的开放系统互连参考模型，英文缩写为_____。

7. 局域网中的计算机设备可以分为两类：_____和客户机。

8. 在常用的网络拓扑结构中，_____结构存在一个中心设备（集线器或交换机），各台计算机都有一根线直接连接到中心设备。

9. 根据工作模式，网络可分为两类：客户机/服务器结构和_____。

10. 目前局域网内主要采用_____连接计算机，它通常有多个端口，为接入的任意两个节点提供独享的数据传输，并将收到的数据向指定端口进行转发。

11. 目前最常用的局域网标准有两个：IEEE 802.3 和_____。

12. _____命令可用来查看 IP 协议的具体配置信息。

13. _____不仅具有无线 AP 的功能，还具有路由器的功能，能够接入 Internet。

【参考答案】

一、选择题

1. D	2. C	3. D	4. D	5. B
6. B	7. C	8. B	9. B	10. D
11. B	12. C	13. D	14. C	15. A
16. D	17. C	18. A	19. B	20. D
21. B	22. C	23. A	24. D	25. B

二、填空题

1. 资源

2. 局域网

3. 带宽

4. 数据

5. 网络协议

6. OSI

7. 服务器

8. 星形

9. 对等网

10. 交换机

11. IEEE 802.11

12. IPCONFIG

13. 无线路由器

16
信息浏览和发布

一、选择题

1. 接入 Internet 的计算机必须共同遵守_____。
   A. OSI 协议　　　　　　　　B. HTTP 协议
   C. FTP 协议　　　　　　　　D. TCP/IP 协议.

2. 在 IPv4 中，IP 地址由_____位二进制数组成。
   A. 16　　　　　　　　　　　B. 24
   C. 32　　　　　　　　　　　D. 64

3. 在 IPv6 中，IP 地址的长度是_____字节。
   A. 4　　　　　　　　　　　　B. 8
   C. 16　　　　　　　　　　　D. 32

4. 在下列 IPv6 地址中，正确的是_____。
   A. FF60∶∶2A90∶F9∶0∶4CA2∶9C5A∶0
   B. 31DB∶0∶0∶3∶0∶2A∶F∶FE80∶0
   C. ∶∶601∶4CA2∶9C5∶B2C7∶∶05D7
   D. 21AE∶D30∶0∶B3F2∶1∶∶/64

5. 在 IPv4 中，下列 IP 地址中属于 C 类的是_____。
   A. 60.70.9.3
   B. 202.120.190.208
   C. 183.60.187.42
   D. 10.10.108.2

6. 在 IPv4 中，下列 IP 地址中属于非法的是_____。
   A. 202.120.189.146　　　　　B. 192.168.7.28
   C. 10.10.108.2　　　　　　　D. 192.256.0.1

7. 在 IPv4 中，子网掩码具有_____位，它的作用是识别子网和判别主机属于哪一个网络。
   A. 16　　　　　　　　　　　B. 24
   C. 32　　　　　　　　　　　D. 64

8. Internet 上计算机的名字由许多域构成，域间用_____分隔。
   A. 小圆点　　　　　　　　　B. 逗号
   C. 分号　　　　　　　　　　D. 冒号

9. Internet 网站域名地址中的 GOV 表示_____。

A. 政府部门 B. 商业部门
C. 网络服务器 D. 一般用户

10. 以下_____不是顶级类型域名。
    A. net B．edu
    C. WWW D. stor

11. 从网址 www.tongji.edu.cn 可以看出它是我国的一个_____站点。
    A. 商业部门 B. 政府部门
    C. 教育部门 D. 科技部门

12. 将域名转换成为 IP 地址的是_____。
    A. 默认网关 B. DNS 服务器
    C. Web 服务器 D. FTP 服务器

13. 在下列 Internet 接入技术中，_____不是常见的接入技术。
    A. ADSL B. IDSN
    C. 有线电视接入 D. 无线接入方式

14. Internet 与 WWW 的关系是_____。
    A. 都表示互联网，只不过名称不同
    B. WWW 是 Internet 上的一个应用
    C. Internet 与 WWW 没有关系
    D. WWW 是 Internet 上的一种协议

15. 万维网的网址以 http 为前导，表示遵从_____协议。
    A. 纯文本 B. 超文本传输
    C. TCP/IP D. POP

16. WWW 浏览器是_____。
    A. 一种操作系统 B. TCP/IP 体系中的协议
    C. 浏览 WWW 的客户端软件 D. 远程登录的程序

17. 使用浏览器访问 Internet 上的 Web 站点时，看到的第一个画面称为_____。
    A. 主页 B. Web 页
    C. 文件 D. 图像

18. 在浏览网页时，若超链接以文字方式表示时，文字上通常带有_____。
    A. 引号 B. 括号
    C. 下画线 D. 方框

19. HTML 的中文名是_____。
    A. WWW 编程语言 B. Internet 编程语言

C. 超文本标记语言 D. 主页制作语言

20. URL 的组成格式为_____。
    A. 资源类型、存放资源的主机域名和资源文件名
    B. 资源类型、资源文件名和存放资源的主机域名
    C. 主机域名、资源类型、资源文件名
    D. 资源文件名、主机域名、资源类型

21. 电子信箱地址的格式是_____。
    A. 用户名@主机域名 B. 主机名@用户名
    C. 用户名.主机域名 D. 主机域名.用户名

22. 当从 Internet 获取邮件时,自己的电子信箱是设在_____。
    A. 自己的计算机上 B. 发信给自己的计算机上
    C. 自己的 ISP 的邮件服务器上 D. 根本不存在电子信箱

23. 电子邮件使用的传输协议是_____。
    A. SMTP B. TELNET
    C. HTTP D. FTP

24. 在下列 Internet 的应用中,专用于实现文件上传和下载的是_____。
    A. FTP 服务 B. 电子邮件服务
    C. 博客和微博 D. WWW 服务

25. 匿名 FTP 服务的含义是_____。
    A. 在 Internet 上没有地址的 FTP 服务
    B. 允许没有账号的用户登录到 FTP 服务器
    C. 发送一封匿名信
    D. 可以不受限制地使用 FTP 服务器上的资源

26. 下列不属于即时通信服务的是_____。
    A. QQ B. VPN
    C. UC D. MSN

27. 用户在本地计算机上控制另一个地方计算机的一种技术是_____。
    A. 远程桌面 B. VPN
    C. FTP D. 即时通信

28. 在 IE 中,若要把整个网页的文字和图片一起保存在一个文件中,则文件的类型应为_____。
    A. HTM B. HTML
    C. MHT D. TXT

29. 在下列软件中，不能制作网页的软件是_____。

   A. Dreamweaver　　　　　　　　B. FrontPage
   C. Photoshop　　　　　　　　　D. MS Word

30. 制作网页时，若要使用链接目标在新窗口中打开，则应用选择_____。

   A. _blank　　　　　　　　　　　B. _self
   C. _top　　　　　　　　　　　　D. _parent

31. 使用_____可以链接到同一网页或不同网页中指定位置。

   A. CSS　　　　　　　　　　　　B. 锚记链接
   C. 层　　　　　　　　　　　　　D. 表单

32. 页面布局是对网页中的各个元素在网页上进行合理安排，使其具有和谐的比例和艺术的效果。在 Dreamweaver 中，常常借助_____来布局页面。

   A. 表格和层　　　　　　　　　　B. 表格和 CSS
   C. 层和 CSS　　　　　　　　　　D. CSS 和行为

二、填空题

1. 有一个 IP 地址的二进制形式为 11000000 10101000 00000111 00011100，则其对应的点分十进制形式为_____。

2. IPv6 地址的 16 个字节分成若干个段，即每段_____个字节，用 16 进制数表示。

3. 在 IPv4 中，C 类二进制形式的 IP 地址前 3 位为_____。

4. 在 IPv4 中，IP 地址由_____和主机地址两部分组成。

5. 在 IPv4 中，通过 IP 与_____进行与运算，可以计算得到子网号。

6. Internet 顶级域名分为_____和国家顶级域名两类。

7. 域名地址中的_____表示网络服务机构。

8. 目前利用电话线和公用电话网接入 Internet 的技术是_____。

9. 在浏览器中，默认的协议是_____。

10. 进入 Web 站点时看到的第一个网页称为_____。

11. 当 URL 省略资源文件名时，表示将定位于_____。

12. 为了安全起见，浏览器和服务器之间交换数据应使用_____协议。

13. 电子信箱的地址是 shanghai@cctv.com.cn，其中 cctv.com.cn 表示_____。

14. 匿名 FTP 通常以_____作为用户名，密码是任意一个有效的 E-mail 地址或 Guest。

15. 虚拟专用网络是一种远程访问技术，其英文简称为_____。
16. 目前常用的让用户在本地计算机上控制远程计算机的技术是_____。
17. 中国知网的英文简称为_____。
18. 超文本标记语言的英文简称为_____。
19. 在 Dreamweaver 中，常常借助_____和层来布局页面。
20. 在设计网页时，若要使链接目标在将本窗口中打开，则应选择_____。
21. 若要超链接到某个电子邮箱，则电子邮件地址之前应加_____。
22. 若要链接到同一网页或不同网页中的指定位置，则应使用_____链接。
23. 每个 Web 站点有一个主目录，要从主目录以外的目录发布信息，应创建_____。

【参考答案】

一、选择题

1. D	2. C	3. C	4. A	5. B
6. D	7. C	8. A	9. A	10. C
11. C	12. B	13. B	14. B	15. B
16. C	17. A	18. C	19. C	20. A
21. A	22. C	23. A	24. A	25. B
26. B	27. A	28. C	29. C	30. A
31. B	32. C			

二、填空题

1. 202.120.189.146
2. 2
3. 110
4. 网络地址
5. 子网掩码
6. 国际顶级域名
7. NET
8. ADSL
9. HTTP
10. 主页（Home Page）
11. Web 站点的主页
12. HTTP

13. 邮件服务器
14. Anonymous
15. VPN
16. 远程桌面
17. CNKI
18. HTML
19. 表格
20. _self
21. mailto：
22. 锚记
23. 虚拟目录

17 算法和程序设计语言

一、选择题

1. 对算法描述正确的是_____。
   A. 算法是解决问题的有序步骤
   B. 算法必须在计算机上用某种语言实现
   C. 一个问题对应的算法只有一种
   D. 常见的算法描述方法只能用自然语言法或流程图法

2. 算法与程序的关系是_____。
   A. 算法是对程序的描述
   B. 算法决定程序,是程序设计的核心
   C. 算法与程序之间无关系
   D. 程序决定算法,是算法设计的核心

3. 以下关于算法叙述正确的是_____。
   A. 解决同一个问题,采用不同算法的效率不同
   B. 求解同一个问题的算法只有一个
   C. 算法是专门解决一个具体问题的步骤、方法
   D. 一个算法可以无止境地运算下去

4. 结构化程序设计由 3 种基本结构组成,_____不属于这 3 种基本结构。
   A. 顺序结构 B. 输入、输出结构
   C. 选择结构 D. 循环结构

5. 有如下用伪代码描述的程序段:
   ```
   Begin
      s←0
      input  n
      if   n <= 10
        for j = 1   to   n
           s←s + j
      else
        print  "输入数据错"
      print   "最后 s 的值为:" ; s
   End
   ```
   请问它的控制结构包括_____。

A. 顺序和选择结构

B. 选择和循环结构

C. 顺序、选择和循环结构

D. 循环和顺序结构

6. 下面不属于算法表示工具的是_____。

A. 机器语言　　　　　　　B. 自然语言

C. 流程图　　　　　　　　D. 伪代码

7. 《孙子兵法》上有一道"物不知数"问题，"今有物不知其数，二三数之剩二，五五数之剩三，七七数之剩二，问物几何?"该问题应采用_____算法来求解。

A. 迭代法　　　　　　　　B. 递归法

C. 穷举法　　　　　　　　D. 查找法

8. 计算机求高次方程求根问题，应采用_____方法解决。

A. 迭代法　　　　　　　　B. 穷举法

C. 查找法　　　　　　　　D. 递归法

9. 计算机解决"百元买百鸡"问题，应采用_____方法解决。

A. 迭代法　　　　　　　　B. 查找法

C. 递归法　　　　　　　　D. 穷举法

10. 著名的汉诺（Hanoi）塔问题通常采用_____方法解决。

A. 迭代法　　　　　　　　B. 查找法

C. 穷举法　　　　　　　　D. 递归法

11. _____特性不属于算法的特性。

A. 输入、输出　　　　　　B. 有穷性

C. 可行性、确定性　　　　D. 连续性

12. 下列关于人类和计算机解决实际问题的说法，错误的是_____。

A. 人类计算速度慢而计算机快

B. 人类自动化复杂而计算机简单

C. 人类精确度一般而计算机很精确

D. 人类可以完成任务，得出结果而计算机不能

13. 图书管理系统对图书管理是按图书编码从小到大管理的，若要查找一本已知编码的书，则能快速查找的算法是_____。

A. 顺序查找　　　　　　　B. 随机查找

C. 二分法查找　　　　　　D. 以上都不对

14. 算法的输出时指算法在执行过程中或终止前,需要将解决问题的结果反馈给用户,关于算法输出的描述_____是不正确的。

  A. 算法至少有 1 个输出,该输出可以出现在算法的结束部分

  B. 算法可以有多个输出,所有输出必须出现在算法的结束部分

  C. 算法可以没有输出,因为该算法运行结果为"无解"

  D. 以上说法都有错误

15. 可以用多种不同的方法描述算法,_____组属于算法描述的方法。

  A. 流程图、自然语言、选择结构、伪代码

  B. 流程图、自然语言、循环结构、伪代码

  C. 计算机语言、流程图、自然语言、伪代码

  D. 计算机语言、顺序结构、自然语言、伪代码

16. 以下问题最适用于计算机编程解决的是_____。

  A. 制作一个表格

  B. 计算已知半径的圆的周长

  C. 制作一部电影

  D. 求 2 到 10 000 之间的所有素数

17. 有如下用伪代码描述的程序段:

 sum←0

  n←0

  for i = 1 to 5

  {

    x←n/i

    n←n + 1

    sum = sum + x

  }

该程序通过 for 循环计算一个表达式的值,这个表达式是_____。

  A. 1 + 1/2 + 2/3 + 3/4   B. 1/2 + 2/3 + 3/4 + 4/5

  C. 1 + 1/2 + 2/3 + 3/4 + 4/5 D. 1 + 1/2 + 1/3 + 1/4 + 1/5

18. 日本数学家谷角静夫在研究自然数时发现了一个奇怪现象("谷角猜想"):对于任意一个自然数 n,若 n 为偶数,则将其除以 2;若 n 为奇数,则将其乘以 3,然后再加 1。如此经过有限次运算后,总可以得到自然数 1。例如,对于自然数 10,多次运算得到数列 10,5,16,8,4,2,1。这样的运算过程在程序设计中称为_____。

  A. 枚举   B. 并行处理

C. 二分法　　　　　　　　D. 迭代

19. WiFi 密码破解。假定某 WiFi 的密码是 6 位，由数字字符和大小写字母组成。这种密码共有 56 800 235 584 种组合，破解的一种方法是利用计算机运算速度快的特点，把所有的组合一一测试验证，这种破解密码的方法称为_____。

　　A. 穷举　　　　　　　　B. 并行处理
　　C. 二分法　　　　　　　D. 迭代

二、填空题

1. 在计算机科学中，抽象是简化复杂的现实问题的最佳途径。抽象的具体形式是多种多样的，但是离不开两个要素：_____和建立模型。

2. 一个程序包括两方面的内容：对数据的描述和对_____的描述。

3. 通俗地说，_____就是解决问题的方法和步骤。

4. 算法的描述可以用自然语言，但用自然语言描述算法有时产生_____问题。

5. 著名计算机科学家沃思提出一个经典公式：程序 = 数据结构 + _____。

6. 算法的 3 种基本结构是：顺序结构、选择结构和_____。

7. 在使用计算机处理大量数据的过程中，往往需要对数据进行排序，所谓排序就是把杂乱无章的数据变为_____的数据。

8. 公安局在破某刑事案件时采用"地毯式"排查，实际上是类似于计算机中的_____算法。

9. 在程序设计和软件设计中，人们遇到大而复杂的问题需要解决的时候，常常采用"自顶而下，_____"的模块化基本思想。

10. 程序设计的一般过程分为 5 步，依次为分析问题、确定数学模型、_____、程序编写、运行和测试程序。

【参考答案】

一、选择题

1. A　　2. B　　3. A　　4. B　　5. C
6. A　　7. C　　8. A　　9. D　　10. D
11. D　　12. D　　13. C　　14. A　　15. C
16. D　　17. B　　18. D　　19. A

二、填空题

1. 形式化
2. 操作
3. 算法
4. 二义性或歧义
5. 算法
6. 循环结构
7. 有序
8. 穷举或枚举
9. 逐步求精
10. 算法设计

补充篇

18 Flash 动画制作

Flash 是一种矢量图像编辑与动画制作工具,支持动画、声音以及交互,具有强大的多媒体编辑功能,并可直接生成主页代码。Flash 动画采用流式播放技术,非常适合网络传播。

18.1　Flash 动画基础

18.1.1　动画基本概念

动画有传统动画和 Flash 制作的动画。传统的动画是由人通过画笔画出一张张不动的但又是逐渐变化着的连续画面，每张画面称为一帧，经过摄影机、摄像机或计算机的逐格拍摄或扫描；然后以每秒钟一定数量帧（通常为 25 帧）的速度连续放映或播映，这时，所画的不动画面就在屏幕上活动起来，这就是传统动画片。

Flash 动画的原理与传统动画一样，也由一系列连续动作的图片帧组成，仅每个图片帧是通过该软件绘制或产生的。Flash 动画有别于以前常用于网络的 GIF 动画，它采用的是矢量绘图技术，矢量图就是可以无限放大，而图像质量不损失的一种格式的图。由于动画是由矢量图构成的，大大节省了动画文件的大小，在网络带宽局限的情况下，提升了网络传输的效率。可以方便地下载观看，一个几分钟长度的 Flash 动画片也许只有 1～2 MB 大小。所以 Flash 一经推出，就风靡网络世界。

Flash 动画具有如下特点。

（1）使用矢量图形和流式播放技术，既压缩空间，又便于网上浏览。

（2）通过使用关键帧和图符（元件）使得所生成的动画文件非常小。

（3）把音乐、动画、声效交互融合在一起，现已成为网页动画设计的首选工具。

（4）多样的文件导入导出格式，不仅可以输出 fla 动画格式，还可以 swf、avi、gif、html、mov 等多种文件格式输出。

（5）强大的动画编辑功能使得设计者可以随心所欲地设计出高品质的动画，另外，它与当今最流行的网页设计工具 Dreamweaver 配合默契，可以直接嵌入网页的任意位置。

本书以 Flash Professional 8（简称 Flash 8）为蓝本进行讲解。

18.1.2　Flash 的界面组成

Flash 8 的界面由菜单栏、工具箱、时间轴、工作区和各类面板等组成，如图 18.1 所示。

（1）工具箱。用于创建、放置、修改文本和图形的工具，按功能分为工具、查看、颜色、选项 4 个按钮区域。

（2）时间轴。用来管理不同场景中的图层与帧的处理。

（3）工作区。可以绘制图形、导入外部图形、添加文本等。

图 18.1　Flash 8 的界面组成

（4）属性面板。用于设置或检查文本、图形、组件等对象的相关属性，只要选择对象就可同步得到相关属性提示。

（5）其他面板。在工作区的右侧和下方是一些可以折叠的面板，很多相关的操作和设置都在不同的面板中，常用的有混色器、库等。通过"窗口"菜单可以打开或关闭相关部分。

18.1.3　基本图形的绘制

利用工具面板上的绘图工具可以绘制基本图形，利用属性和混色器面板可以对绘制的对象进行相应的外观设置。

1. 绘制线条

选中铅笔工具，在如图 18.2 所示选项区域选择一种设置，按住鼠标在工作区内拖动即可绘制线段。使所画的线段变得平直；是平滑所画的线段；模式产生手绘效果，3 种效果如图 18.3 所示。

图 18.2　铅笔工具选项

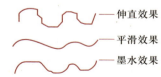
图 18.3　3 种效果

也可使用直线工具绘制直线或用钢笔工具绘制矢量线。

2. 椭圆或矩形

选择椭圆工具○或矩形工具□，按住鼠标在工作区拖动，即可绘制所需图形。在绘制上述图形前，一般先使用属性面板，选择图形边线样式、颜色和填充色，然后再画图形。颜色工具如图 18.4 所示。使用墨水瓶工具 可重新设置图形边界线颜色，使用油漆桶工具 可重新对图形填色。

3. 选定对象

与其他软件一样，对任何要操作的对象必须先选定，利用箭头工具 或 可选定对象。

（1） 只有鼠标单击方法，用于选取矢量线（如图 18.5 所示）来改变选中对象的路径转折点。

图 18.4　颜色工具选项　　　　图 18.5　选取矢量线

（2） 可通过单击、双击和拖动选取等多种方法选择对象。

单击可选取对象中的某状态；双击可选取连接在一起的轮廓线；拖动选取时将出现一个矩形选框，在矩形选框内的对象都被选中。

例 18.1　改变对象的形状。

当对象选取后，将鼠标指针移到对象的边缘，若鼠标指针形状变成 时，按住鼠标左键并拖动，可按圆弧形改变形状形；若鼠标指针形状变成 时，按直线边改变形状。效果如图 18.6 所示。

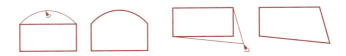

图 18.6　改变对象的形状

4. 对象的变形

对象的变形主要是缩放、旋转、扭曲和套封等。这可通过任意变形工具 完成。使用该工具时只要用鼠标选择要变形的对象，对象上出现 8 个方向控制点，拖动某个控制点可以缩放或旋转（如图 18.7 所示）；也可以通过菜单命令进行相应的操作（如图 18.8 和图 18.9 所示）。

(a) 处于任意变形状态　　　(b) 旋转

图 18.7　变形状态　　　　　图 18.8　变形子菜单

5. 混色器

单击"窗口"|"混色器"命令，可以打开混色器面板（如图 18.10 所示），配置所需的渐变颜色。为使填充颜色多样化，可通过混色器面板中间的填充方式下拉列表选择。

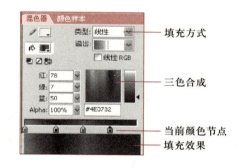

图 18.9　缩放和旋转　　　　图 18.10　混色器渐变色的设定

6. 文字输入与处理

用文本工具 A 可以输入文字。一般在输入文字前，先选中文本工具 A，在属性面板（如图 18.11 所示）可对要输入的文字先进行格式设置，然后输入文字；也可选中已有的文字，再在属性面板中对文字属性进行修改。

图 18.11　字符属性面板

在文本状态下，文字只能用单色填充。只有通过"修改"|"分离"命令（或同时按 Ctrl + B 键）将文本对象分离后转换成形状对象，才能填充多种颜色，如图 18.12

例 18.2 利用对文字的分离和填充颜色，制作渐变文字，效果如图 18.13 所示。

图 18.12　文本的分离过程　　　　　　　　　图 18.13　渐变文字效果

（1）使用文字工具输入文字，通过属性面板设置字体和大小。
（2）用箭头工具将其选中，执行"修改"|"分离"命令，将文字转换成矢量图形。
（3）通过绘图工具栏颜色区域中的"填充颜色"按钮，选择一种渐变色。

18.1.4　Flash 基本术语

下面以如图 18.14 所示的时间轴为例，解释 Flash 的基本术语，便于以后制作。

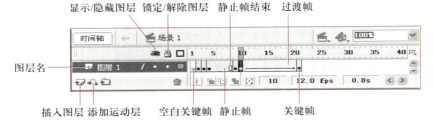

图 18.14　时间轴

1. 帧（Frame）

帧是构成 Flash 动画的基本组成元素。Flash 的时间轴上的小格代表一帧，表示动画内容中的一个片断。它在时间轴中出现的顺序决定它在动画中显示的顺序。帧主要有以下几种类型，如表 18.1 所示。

▶ 表 18.1　不同帧的表示及意义

帧 名 称	表示形式	意　义
关键帧		是一个包含有内容或对内容的改变起决定性作用的帧
空白关键帧		每一空白关键帧都用空心圆点表示，它不包含内容，当在该帧添加内容后变为关键帧
过渡帧		在过渡动画中，前后两个关联的关键帧之间出现的帧，由 Flash 根据前后两个关键帧自动生成
静止帧		在逐帧动画中，前后两个不关联的关键帧之间出现的帧，它是前一个关键帧的内容在时间、空间的延续，直到出现静止帧结束
静止帧结束		表示静止帧的结束

2. 图层（Layer）

图层可以看作是一个透明的玻璃板，当上面的图层没有内容时，可以透过该图层看到下面图层同一位置的内容。每个图层都有自己的时间轴，包含了一系列的帧，在各个图层中所使用的帧都是相互独立的，图层与图层之间也是相互独立的，也就是说，对各图层单独进行编辑不会影响到其他图层上的内容。多个图层按一定的顺序叠放在一起则会产生综合的效果。不同图层意义如表 18.2 所示。各图层的表示如图 18.15 所示。

图 层	意 义
普通图层	放置各种动画元素，单击 按钮可在上方插入一个图层
遮罩层	被遮罩层中的动画元素只能通过遮罩层看到。在普通图层右击，在弹出的快捷菜单中选择"遮罩层"命令，将该图层设置为遮罩层
被遮罩层	在遮罩层下方的普通图层
引导层	使被引导层中的元件沿引导线运动。单击 按钮，在当前图层上方插入一个引导层
被引导层	在引导层下方的普通图层

◀表 18.2 图层意义

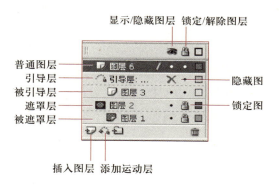

图 18.15 各图层的表示

3. 对象（Object）

Falsh 中的动画都是由对象组成的，对象可以分为四大类：形状、组、元件和文本。

（1）形状。通过绘图工具绘制产生的如圆、矩形等形状。对象被选中，以网点覆盖，对象不是整体，各部分的形状、大小都可以改变。选中形状对象，通过"修改"|"组合"命令可将形状对象转换为组对象。

（2）组。将形状通过"修改"|"组合"命令转换成为组对象，组对象是个整体，只能改变组对象的大小、角度等操作。组对象通过"修改"|"分离"命令打散转变为

形状对象。

（3）元件。通过"插入"菜单的"新建元件"或"转换为元件"命令创建的元件，在场景中引用，其实质也是组。

（4）文本。通过工具箱中的文本工具产生。

从图 18.16 可以看到，对象实质分为两类，形状为一类，其余 3 个为同一类。当然两类之间相互可以转换。要制作 Flash 动画，必须分清楚这几个对象的概念，因为在动画补间时根据不同对象类型采用相应的方式，如形状对象，采用"形状"补间；其余对象，采用"动作"补间。按 Ctrl + G 键可以将形状转换成组（Group），按 Ctrl + B 键可以将组分离成形状（Break）。在制作过渡动画时，若补间的前后两个关键帧对象类型不同，将出现错误。图 18.16 表示了同一个椭圆形状 3 种类型对象选中时的状态。

图 18.16　3 种对象选中时的状态

4. 场景（Scene）

一个电影由若干场景组成，制作 Flash 动画都是在场景中进行的。每个场景就像一个舞台，它需要确定大小、背景、分辨率及帧的播放速度等。执行"修改"|"文档"命令，打开如图 18.17 所示的"文档属性"对话框，可设置文档属性。图中数据为默认参数。帧频数值越大，播放帧数就越多，速度也就越快，动画的效果就越流畅。

5. 元件（Component）

为了提高制作的效果，对重复使用的对象先制作元件（或称符号），然后在场景中引用，称为元件的实体。元件的运用既可提高效率又可减少 Flash 动画文件的大小。在以后制作 Flash 动画时，经常会使用元件（尤其在运动轨迹和 Alpha 通道动画的制作）。

在 Flash 中有两个编辑状态，即场景编辑和元件编辑，在如图 18.18 所示窗口中，通过单击相应按钮以切换到编辑模式，在制作时应关心当前处于哪个状态。

（1）创建元件

单击"插入"|"新建元件"命令，弹出"创建新元件"对话框，输入元件的名称，并根据需要选择元件的类型，其中"影片剪辑"常用于制作动态元件，"图形"常用于制作静态元件，按钮用于交互，本书不进行介绍。当进入元件编辑状态时，工作区中会出现一个"＋"标记，可制作所需元件的内容。

图 18.17　"文档属性"对话框

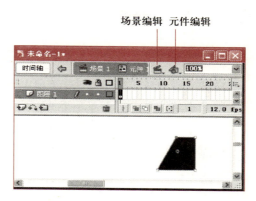

图 18.18　元件编辑状态

（2）转换场景中的对象为元件在场景中选择对象，右击后在弹出的快捷菜单中选择"转换为元件"命令，打开"转换为元件"对话框，根据需要选择元件的类型即可。

（3）引用元件

在场景中要引用建立的元件，只要通过"窗口"|"库"命令，选中所需的元件直接拖入场景工作区即可。把元件从库中拖放到场景引用时，就创建了该元件的实例。

（4）修改元件

双击场景中的元件或双击元件库中的元件，进入元件编辑区修改。此时，对场景中引用的所有元件自动改变成修改后的元件（但为了方便，在场景中引入的实例也简称为元件）。

6．素材导入和库

当在 Flash 中需要用到外部的图片、声音等多媒体素材时，必须通过"文件"|"导入"命令，将选择的素材文件导入到库，这也是 Flash 中利用其他多媒体文件的接口，非常有用。

库中除了导入的素材对象外还有建立的元件对象。要引用库中的对象，可使用"窗口"|"库"命令，打开库面板，将选中的对象拖到场景编辑区即可。

7．Alpha 通道

Alpha 通道是决定元件对象中颜色透明度的通道，用百分比来表示。

18.2　基本动画制作

18.2.1　时间轴操作

利用时间轴可以制作逐帧动画和过渡动画，在过渡动画中又分为形状补间动画和动作补间动画。

1. 逐帧动画

逐帧动画就是每一帧的内容都要自行设计，在播放时可以看到动画效果。

例 18.3 制作逐帧动画，显示数字计数器，在显示数字 5 这帧时停留时间长些。

（1）单击"文件"|"新建"命令，新建一个影片。

（2）在第 1 帧处用文字工具输入数字"1"，通过属性面板设置字号和颜色。

（3）在第 2 帧处右击，在弹出的快捷菜单中选择"插入关键帧"命令，实质是复制前一关键帧的内容，然后将帧 2 上的"1"改成"2"，依此类推，建立 3、4、5、6、7、8、9、0 等数字关键帧。

（4）其中在第 5 帧完成后，在时间轴留 4 个静止帧作为停留时间，在第 10 帧处再继续从数字"6"开始。时间轴效果如图 18.19 所示。

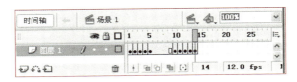

图 18.19 逐帧动画制作示例

单击"控制"|"播放"命令，就可观看动画效果（可以设置循环播放）。

2. 过渡动画

Flash 中，过渡动画分为运动过渡动画和形状过渡动画，它由关键帧的对象（组和形状）以及动画补间时的"动作"和"形状"选项来决定中间过渡帧的内容。

过渡动画制作的基本方法是通过改变关键帧的位置、形状、颜色和大小等属性来完成的，也可通过几个层之间动画的叠加来实现，然后通过补间来实现过渡动画。

例 18.4 使用改变帧形状的方法制作由圆形变为方形的动画。

（1）在第 1 帧处用椭圆工具画一个圆，填充颜色从圆中间开始渐变。

（2）在第 30 帧处右击，在弹出的快捷菜单中选择"插入空白帧"命令，插入一个帧，用矩形工具绘制一个正方形，并填充颜色。

（3）选择第 1 帧，在属性面板的补间下拉框中选择形状，两帧之间出现实线箭头，表示补间动画已正确设置，若出现虚线，则设置有错误。错误原因可能是补间动画的方式（形状或动作）错误或两个关键帧对象类型不一致。

18.2.2 图层操作

利用图层除了可以进行基本操作外，还有两种特殊的图层：引导层和遮罩图层。

1. 图层基本操作

例 18.5 利用两个图层实现两个球碰撞的效果。

设计思想：利用元件、两个图层的时间轴实现两球碰撞的模拟，场景中的网格便于定位，可通过"查看"|"网格"|"显示网格"命令来设置。

（1）在元件编辑状态建立两个元件，分别是带有阴影的大球和小球。

（2）在场景图层 1 的第 1、16、30 帧处从库中引用"小球 1"元件，给予碰撞的定位，并在第 1 帧处和第 16 帧处使用"动作"补间。

（3）用同样的方法添加名为"大球 2"的图层，引用大球进行类似的定位和补间。

设计的效果如图 18.20 所示。

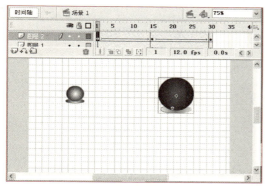
(a) 第1帧处的设计

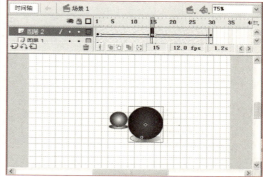
(b) 第16帧处的设计

图 18.20　两个图层的设计界面

2. 引导层

前面小球碰撞的行动轨迹是 Flash 根据两个关键帧之间的直线路径来实现的，如果用户希望自己定义运动轨迹，则通过添加引导层来实现。

引导图层用于辅助其他图层中对象的运动或定位。单击编辑区左下方的"添加引导图层"按钮，可在一般图层前加入引导线图层。

要注意的是，运动对象要沿着引导层的运动轨迹动，有两个要点：其一，运动对象必须是元件；其二，将运动对象中心（空心小圆）对准运动轨迹的起点和终点。

例 18.6 利用引导层使"海宝"图片对象沿指定曲线运动，设计界面如图 18.21 所示，播放效果如图 18.22 所示。

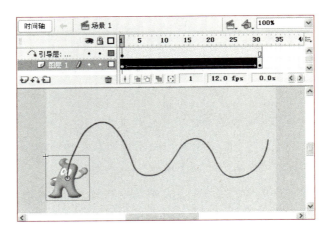

图 18.21 设计界面

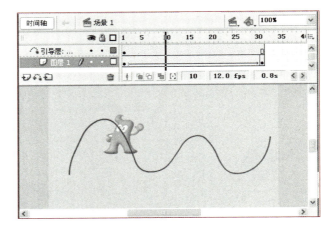

图 18.22 播放效果

(1) 将"海宝"图片导入为元件。单击"插入"|"新建元件"命令,选择图形类型和元件名称为"海宝";单击"文件"|"导入"命令,导入该图片(可从网上获取)到该元件中。

(2) 切换到场景编辑,从库中将该"海宝"元件拖曳到第 1 帧,在第 30 帧处插入关键帧。

(3) 单击图层的 按钮,在图层 1 上加入引导层,选择工具栏中的铅笔工具画一条光滑曲线作为引导线。

(4) 将图层 1 第 1 帧的"海宝"对象定位到引导线的起始位置;第 30 帧处用同样的操作。

(5) 选择图层 1 的第 1 帧,在属性面板的补间下拉框中选择"动作"选项。

3. 遮罩图层

遮罩图层可以用来屏蔽其下面链接图层的播放显示。在遮罩图层上面绘制填充色块或文字，就等于在其上挖出了与之形状相应的显示窗口，只在这些窗口内显示出与之相链接的图层中的内容，其余区域的内容都会被隐藏起来。

当用快捷菜单将一般图层的属性设置为遮罩后，其下方的层就成为被遮罩层，图 18.23 中的图层 2 与图层 1 之间的关联就是遮罩与被遮罩的关系（注意图层名左边的图标形式）。

图 18.23 探照灯效果图

例 18.7 制作探照灯效果的动画。

利用遮罩层上运动的圆遮罩下面的文字，形成探照灯的效果。

（1）在图层 1 输入文字（本例为 Flash），并在第 30 帧处插入相同的关键帧。

（2）在图层 2 建立一个圆，位置在图层 1 文字的第一个字符处；在第 30 帧处插入相同的关键帧圆，位置在文字的最后一个字符处；对第 1 帧进行补间操作。

（3）做遮罩处理，在图层 2 右击，在弹出的快捷菜单中选择 "遮罩层" 命令，形成遮罩与被遮罩关系，播放后就看到探照灯效果了。

18.2.3 Alpha 通道应用

所谓 Alpha 通道是指元件对象颜色的透明度，应用在对象由近到远逐渐变淡的过程。

例 18.8 通过改变文本的位置、颜色和大小的方法制作逐渐消失的文字。

设计思想：利用元件制作所需的文本；在场景中从库中引用元件并进行定位和缩放；利用属性面板的 Alpha 通道改变元件对象颜色深度；进行 "动作" 补间。

（1）新建一个元件，利用文字工具输入 "奔向远方"，并格式化文字。

（2）在场景编辑状态（第 1 帧）引用元件，在第 50 帧处插入关键帧，拖曳该帧中的文字到工作区的上方并缩小,属性面板的颜色栏选择 Alpha,并调小其值,使文字变淡,程度为 31%(根据自己的需要),如图 18.24 所示。

(3) 选择第 1 帧,在属性面板的补间下拉框中选择"动作"补间。

注意:Alpha 通道改变对象颜色透明度深度,该对象必须是元件的实例;否则属性面板无"颜色"列表项。

图 18.24 Alpha 通道设置

18.2.4 添加音效

1. 导入声音文件

在 Flash 中不能自己创建或是录制声音,编辑动画所使用的声音文件,大多数都需要从外部导入到 Flash 中。可使用的声音文件类型为 wav 与 mp3。

单击"文件"|"导入"命令,可将选中的声音文件导入到 Flash 中。导入的声音文件被放置在 Flash 的库中。

当然,也可以选择"窗口"|"公用库"|"声音"命令,在 Flash 本身提供的声音资料库中进行选择,然后把所选文件拖至工作区中。

2. 在场景中加入声音和播放

在场景中加入声音时,必须先创建一个图层,在该图层内存放一段或多段声音,每个声音图层相当于一个独立的声道,实现方法如下。

(1) 将声音文件导入到 Flash 的库中。

(2) 为声音创建一个图层,在希望开始播放声音的位置上插入一个空白关键帧。

(3) 在如图 18.25 所示的属性面板的"声音"下拉框中选择要使用的声音文件。

(4) 在"效果"下拉列表中选择声音播放的效果。

(5) 在"同步"下拉列表中设置声音播放的方式。

Flash 中的同步有以下 4 个选项。

① 事件。声音由动画中发生的某个动作来触发,如用户单击某个按钮或时间线到达某个设置了声音的关键帧。事件驱动式声音在播放之前必须全部下载完毕才能开始播放,而且一旦播放就会把整个声音文件播放完,与动画本身是否还在播放没有关系。此方式一般用于播放简短的声音。

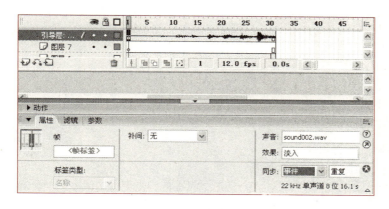

图 18.25　添加的声音图层和设置播放属性

② 开始：与上面的事件方式类似，区别是如果某个事件再次触发该声音文件的播放时，不会从头开始播放，而是继续前面的播放。

③ 停止：某个事件再次触发该声音文件的播放时将停止前面的播放而重新开始播放。

④ 数据流：流式播放，一边下载一边播放，当动画停止时，声音也会停止。此方式一般用于网络中，主要用作背景音乐。

18.3　综合应用和发布

18.3.1　综合应用

例 18.9　制作月球绕地球转的动画。利用库中的"地图""月球"位图和"太空 1.jpg""太空 2.jpg"图片，动画总长度 30 帧。在这个综合应用例子中，将 Flash 基本操作中的遮罩技术、运动轨迹、Alpha 通道集中在一起。

具体要求：

（1）太空渐变背景。将图片文件"太空 1.jpg"和"太空 2.jpg"导入到库中，分别转换为元件 1 和元件 2；在图层 1 的第 1 帧和第 15 帧处引用元件 1，第 15 帧 Alpha 设置为 50%。同理，第 16 帧和第 30 帧处引用元件 2，第 30 帧 Alpha 设置为 50%。

（2）图层 2 引用"月球"图形，转换为元件，在第 30 帧处引用元件。

（3）图层 3 绘制椭圆引导轨迹，使月球沿着椭圆运动。

（4）图层 4 引用"地图"图形，做移动，与图层 5 结合产生地球自转。

（5）图层 5 画圆，作为遮罩层，实现地球自转。

设计界面如图 18.26 所示。

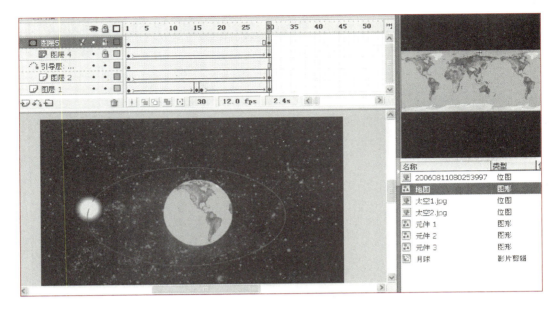

图 18.26　月球绕地球转动动画

18.3.2　发布

制作完动画之后，可以把生成的动画导出为扩展名为 swf 的动画播放文件，也可以把它发布为影片，生成网页浏览器支持的 HTML、GIF、JPEG 文件，当然，也可以导出到 Dreamweaver 之类的专门创建 HTML 文档的编辑器。

发布的过程如下

（1）发布设置。单击"文件"|"发布设置"命令，打开"发布设置"对话框，如图 18.27 所示，指定要发布的文件格式和文件名。每种图形格式都有相应的选项卡。

在输出为 GIF 文件时，如果指定为静态，只输出指定的帧（默认为第 1 帧）。在以动态 GIF 格式输出时，如果不指定，Flash 输出电影所有的帧。

SWF 格式为 Flash 本身特有的文件格式，输出的文件量小，效果不失真，但需要 Flash 播放器。输出 EXE 文件格式时，它将 Flash 播放器和动画一起打包，虽然相对于 SWF 格式文件容量大一些，但可脱离 Flash 环境运行。而输出为 AVI 文件后，可在视频编辑应用程序中进行编辑。

（2）发布。设置完成后可直接单击发布按钮，或关闭对话框后选择"文件"|"发布"命令。发布的文件与 Flash 动画源文件在同一个目录下。

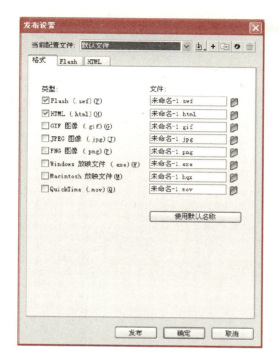

图 18.27 "发布设置"对话框

附 录

附录1 大学计算机课程模拟测试（A卷）

一、选择题（每小题1分，共20分）

1. 计算思维最根本的内容，即其本质是_____和自动化。
   A. 抽象　　　　　　　　　B. 计算机技术
   C. 并行处理　　　　　　　D. 递归

2. 在下列存储单元中，CPU存取_____的速度最快。
   A. CMOS芯片的内容　　　　B. 内存单元中的内容
   C. 硬盘中的内容　　　　　D. 高速缓冲存储器中的内容

3. 浮点数之所以能表示很大或很小的数，是因为使用了_____。
   A. 较多的字节　　　　　　B. 较长的尾数
   C. 阶码　　　　　　　　　D. 符号位

4. ASCII码是表示_____的编码。
   A. 汉字和西文字符　　　　B. 西文字符
   C. 各种文字　　　　　　　D. 数值

5. 在科学计算时，经常会遇到"溢出"，这是指_____。
   A. 数值超出了内存容量　　B. 数值超出了范围
   C. 数值超出了硬盘的容量　D. 计算机出故障了

6. 下列数据中最大的数是_____。
   A. 八进制1227　　　　　　B. 十六进制1FF
   C. 十进制789　　　　　　 D. 二进制101000

7. 在下列关于可计算性的说法中，错误的是_____。
   A. 图灵机与现代计算机在功能上是等价的

B. 一个问题是可计算的是指可以使用计算机在有限步骤内解决

C. 图灵机可以计算的就是可计算的

D. 所有问题都是可计算的

8. 在关于单道和多道程序系统的说法中，错误的是_____。

   A. 在单道程序系统中，多个程序也可以交替运行

   B. 在单道程序系统中，在任一时刻只允许一个程序在系统中执行

   C. 在多道程序系统中，从宏观上看，系统中多道程序是在并行执行

   D. 在多道程序系统中，从微观上来看，在任一时刻仅能执行一道程序，各程序交替执行

9. 假定下图是 C 盘的目录结构，当前目录为 Windows，则 Test.doc 的相对路径为_____。

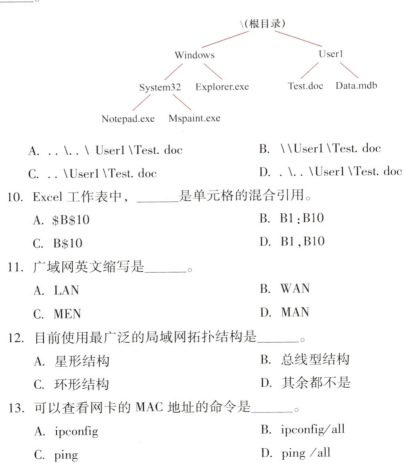

   A. ..\..\User1\Test.doc
   B. \\User1\Test.doc
   C. ..\User1\Test.doc
   D. .\..\User1\Test.doc

10. Excel 工作表中，_____是单元格的混合引用。

    A. B10
    B. B1:B10
    C. B$10
    D. B1,B10

11. 广域网英文缩写是_____。

    A. LAN
    B. WAN
    C. MEN
    D. MAN

12. 目前使用最广泛的局域网拓扑结构是_____。

    A. 星形结构
    B. 总线型结构
    C. 环形结构
    D. 其余都不是

13. 可以查看网卡的 MAC 地址的命令是_____。

    A. ipconfig
    B. ipconfig/all
    C. ping
    D. ping/all

14. 在浏览器地址栏输入"http://www.tongji.edu.cn/"，其中，www.tongji.edu.cn 代表的是_____。

A. 主机域名　　　　　　　　　B. 资源类型
　　C. 协议　　　　　　　　　　　D. 文件目录
15. 在以下传输介质中，传输速度最快的是_____。
　　A. 红外线　　　　　　　　　　B. 双绞线
　　C. 光缆　　　　　　　　　　　D. 微波
16. 以下不属于计算机网络功能的是_____。
　　A. 信息交换　　　　　　　　　B. 资源共享
　　C. 分布式处理　　　　　　　　D. 图形处理
17. 在 SQL 的 SELECT 查询命令中，用_____进行汇总。
　　A. FROM　　　　　　　　　　　B. WHERE
　　C. GROUP BY　　　　　　　　　D. ORDER BY
18. 关于 Access，以下说法错误的是_____。
　　A. 在 SELECT 语句中，用于分组的子句是 Group by
　　B. 在 SELECT 语句中，如果要求查询结果中不能出现重复的记录，使用 DISTINCT
　　C. Access 是网状数据管理系统
　　D. Access 数据库中的数据存放在表中
19. 一幅照片大小为 320×240，每一个像素占 4 位，则其 BMP 文件所需要的存储容量约为_____。
　　A. 75 KB　　　　　　　　　　　B. 37.5 KB
　　C. 375 KB　　　　　　　　　　D. 127 KB
20. 计算机病毒的主要危害是_____。
　　A. 损坏 CPU　　　　　　　　　B. 干扰电网
　　C. 破坏信息　　　　　　　　　D. 更改 Cache 芯片中的内容

二、填空题（每小题 1 分，共 10 分）

1. 计算机的指令由操作码和_____组成。
2. 二进制数 100110101111 转换成十六进制数为_____H。
3. 文件的路径分为绝对路径和_____。
4. 人类的三大科学思维分别是理论思维、实验思维和_____。
5. Internet 服务提供商是提供 Internet 连接的机构，简称_____。
6. 算法的 3 种基本结构是顺序结构、_____和循环结构。
7. 运算器是对数据进行处理和运算的部件，其主要功能是进行算术运算和_____。
8. 任意一种数制都有 3 个要素：数符、基数和_____。
9. 要查找所有第一个字母为 A 且扩展名为 wav 的文件，搜索时应输入_____。
10. 计算机网络协议的三要素为语法、_____和时序。

数据库文件：
order.accdb

三、数据库（每小题 5 分，共 15 分）

数据库文件 order.accdb 中包括订单表和用户表。订单表的表结构为订单编号（文本型）、订单日期（日期型）、用户名（文本型）、总金额（货币型）；用户表的表结构为用户名（文本型）、注册时间（日期型）、联系电话（文本型）。

请写出下列 SQL 命令。

（1）向用户表增加一条记录（李红，2015.10.01，13629304985）。

（2）查询订单年份在 2014 年之后的每年订单的平均金额，如附图 1 所示。

（3）查询孙芳芳的所有订单日期、订单编号、联系电话，并按订单日期升序排列，如附图 2 所示。

年份	平均金额
2014	¥263.75
2015	¥1,416.00

附图 1　平均金额

订单日期	订单编号	联系电话
2013/12/28	0139890	13529409538
2014/12/24	0143894	13529409538

附图 2　查询孙芳芳的订单

Excel 文件：
2015E1.xlsx

四、设计操作题（本题共 3 道小题，共 55 分）

1. Excel 操作题（本小题 15 分）

将 2015E1.xlsx 文件按下列要求操作，结果以原文件名保存。

（1）设置表格标题为黑体、26 磅，跨 A～H 列居中。

（2）使用公式计算总价 = 单价 × 数量。

（3）使用函数设置是否签订合同，单价 >= 10 000 或者数量 >= 100 为"是"，否则为"否"。

（4）用条件格式将单价 > 5 000 的单元格文本颜色设置为标准色红色。

（5）设置表格区域 A2:H9 为双线外框，内边框为虚线，垂直居中对齐；A2:H2 单元格区域为标准色红色字体、加粗。

（6）生成附图 3 所示的柱形图表，放置在 A12:F27 的区域。

（7）生成附图 4 所示的透视表，透视图位置为 J2。

2. 网页设计（本小题 20 分）

（1）在设计网页前，首先用"站点"菜单中的"新建站点"命令建立站点 Web1，站点文件夹为 C:\KS。

（2）一定要在站点中制作网页，即所设计的网页文件必须保存到 C:\KS 文件夹内。

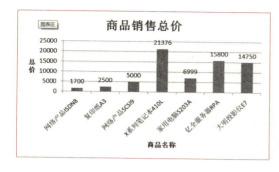

附图3　柱形图样张　　　　　　　　附图4　透视表样张

（3）网页设计所需的素材在2015web1.rar中。

> 网页素材：
> 2015web1.rar

新建网页，并另存为 A.html 网页，设置网页标题为本人的学号，网页背景图为 bj1.jpg。插入一个3行2列的表格，要求如下。

① 将第1行合并单元格，输入文字"喜欢上海的理由"，创建名称为 CS1 的 CSS 样式：红色#FF0000，方正舒体，40px，用于格式化文字，并设置文字居中。

② 在第2行第1列插入文字，文字内容来自于素材包中，文字格式为棕色 #660000，华文楷体，24 px；插入图片 pic1.jpg，设置其宽度为300，高度为200，左对齐。

③ 按样张在第2行第2列插入表单，其中姓名字符宽度为10；性别默认选中"男"；职业下拉列表框的值为"学生""职员""公务员"，默认选中"职员"；喜欢上海的理由默认选中"时尚"。添加"确定""取消"按钮。

④ 在第3行插入超链接和日期。"联系我们"链接到电子邮箱 abc@163.com。"更多信息"链接到 http://www.shanghai.cn。

网页设计样张如附图5所示。

附图5　网页设计样张

五、算法描述题（本小题 20 分）

用伪代码描述或任意一种程序设计语言实现求解下列问题的算法，要求包含输入和输出。

1. 求表达式 1/2 + 2/3 + 3/4 + 4/5 + … + 19/20 的值。

2. 在 100～999 之间的自然数中，找出能被 3 整除，且至少有一位数字为 5 的所有整数，并统计个数。

【参考答案】

一、选择题

1. A	2. D	3. C	4. B	5. B	6. B	7. D
8. A	9. C	10. C	11. B	12. A	13. B	14. A
15. C	16. D	17. C	18. C	19. B	20. C

二、填空题

1. 操作数　　　　　　　2. 9AF

3. 相对路径　　　　　　4. 计算思维

5. ISP　　　　　　　　　6. 选择结构

7. 逻辑运算　　　　　　8. 权

9. A＊.wav　　　　　　10. 语义

三、数据库

（1）Insert Into 用户表 Values（"李红"，#2015/10/01#,"13629304985"）

（2）Select Year（订单日期）As 年份，Avg（总金额）As 平均金额
　　　From 订单表 Where 订单日期＞#2013/12/31# Group by Year（订单日期）

（3）Select 订单日期，订单编号，联系电话 From 用户表，订单表
Where 用户表.用户名＝订单表.用户名 And 用户表.用户名＝"孙芳芳" Order by 订单日期

四、设计操作题（略）

五、算法描述题

1. 伪代码描述如下。

Begin

　　s＜-0

　　For i＜-1 to 19

            s <- s + i/(i+1)
        Print s
End

2. 伪代码描述如下。
Begin
    n <- 0
    For i <- 100 to 999
    {
        If (i mod 3 = 0)   //i 除 3 余数为 0
        {
            a <- i \ 100   //百位数
            b <- (i \ 10) mod 10   //十位数
            c <- i mod 10   //个位数
            If (a = 5 or b = 5 or c = 5)
            {   Print i
                n <- n + 1
            }
        }
        Print n
    }
End

附录2　大学计算机课程模拟测试（B卷）

一、选择题（每小题1分，共20分）

1. AlphaGo战胜围棋职业棋手，这是计算机在_____方面的应用。
   A. 计算机辅助设计　　　　　　　　B. 数据处理
   C. 人工智能　　　　　　　　　　　D. 多媒体技术

2. 计算机指令中，规定指令执行功能的部分是_____。
   A. 操作码　　　　　　　　　　　　B. 地址码
   C. 操作数　　　　　　　　　　　　D. 目标地址

3. 不能被图灵机求解的问题是_____。
   A. 可以用计算机求解
   B. 不可以用计算机求解
   C. 虽然可以被计算机计算，但无法设计出算法
   D. 与是否能设计出算法无关

4. 下列描述中，属于RAM特点的是_____。
   A. 断电后信息消失　　　　　　　　B. 信息永久保存
   C. 只能进行读操作　　　　　　　　D. 读写速度慢

5. 已知8位机器码10110100，它是补码时，表示的十进制真值是_____。
   A. -76　　　　　　　　　　　　　B. 75
   C. -70　　　　　　　　　　　　　D. -74

6. 二进制数1101001.010101111转换为十六进制数是_____H。
   A. 69.578　　　　　　　　　　　　B. C1.578
   C. C1.0AF　　　　　　　　　　　　D. 69.0AF

7. 进程因等待某个事件而暂停执行的状态是_____。
   A. 就绪状态　　　　　　　　　　　B. 执行状态
   C. 挂起状态　　　　　　　　　　　D. 唤醒状态

8. 在下列关于线程的说法中，错误的是_____。
   A. 在Windows中，线程是CPU的分配单位
   B. 有些线程包含多个进程
   C. 有些进程只包含一个线程

D. 把进程再细分成线程的目的是更好地实现并发处理和共享资源

9. _____不属于大数据的 4 个特征之一。

   A. 数据量巨大　　　　　　　　B. 数据类型繁多
   C. 速度快　　　　　　　　　　D. 价值密度高

10. 若 A1 单元格中有公式 = B$2 * C4，则该公式复制到 D4 单元格后，被修正为_____。

    A. B$4 * C4　　　　　　　　B. D$2 * E4
    C. B$2 * D7　　　　　　　　D. E$2 * F7

11. LAN 是_____的英文的缩写。

    A. 城域网　　　　　　　　　B. 互联网
    C. 局域网　　　　　　　　　D. 广域网

12. 域名系统 DNS 的作用是_____。

    A. 存放主机域名　　　　　　B. 存放 IP 地址
    C. 存放邮件的地址　　　　　D. 将域名转换成 IP 地址

13. 把每个站点都连接到中央结点，这种网络连接方式称为_____。

    A. 环形结构　　　　　　　　B. 总线结构
    C. 星形结构　　　　　　　　D. 网络拓扑结构

14. 在 Access 中，表和数据库的关系是_____。

    A. 一个表只能包含两个数据库　　B. 一个数据库可以包含多个表
    C. 一个表可以包含多个数据库　　D. 一个数据库只能包含两个表

15. 使用_____可以链接到同一网页或不同网页中的指定位置。

    A. CSS　　　　　　　　　　B. 锚记链接
    C. 层　　　　　　　　　　　D. 表单

16. HTML 的中文名是_____。

    A. WWW 编程语言　　　　　　B. 网络通信协议
    C. Internet 编程语言　　　　　D. 超文本标记语言

17. 下列 SELECT 语句中，语法正确的是_____。

    A. Select 工号，姓名，应发工资 – 扣除工资 as 实发工资 From 职工基本情况表 Order By 应发工资 – 扣除工资
    B. Select 工号，姓名，应发工资 – 扣除工资 as 实发工资 From 职工基本情况表 Order By 实发工资
    C. Select 工号，姓名，应发工资 – 扣除工资 as 实发工资　Order By 实发工资 From 职工基本情况表

D. Select 工号,姓名,应发工资－扣除工资 as 实发工资 Order By 应发工资－扣除工资 From 职工基本情况表

18. 在下列关于数据库的说法中,正确的是_____。
    A. 数据库中,可以完全消除数据冗余
    B. 不是所有的数据库都需要采用一定的数据模型
    C. 关系型数据库中,一个关系就是一个二维表
    D. Access 是一种层次型数据库管理系统

19. 采样频率 10 kHz,每一个采样数据用 4 位存储,则 1 分钟的立体声声音的 WAV 文件所需的存储容量约为_____。
    A. 60 KB   B. 585.9 KB
    C. 7.32 KB   D. 117.18 KB

20. 采用一个人的指纹、语音、眼睛的虹膜或视网膜来检测进入计算机系统的身份验证的技术是_____技术。
    A. 密码   B. 防病毒
    C. 生物安全   D. 防火墙

二、填空题(每小题 1 分,共 10 分)

1. 主存储器又称内存,可以分为只读存储器和_____存储器两类。(填写中文)
2. 无符号 8 位二进制数其最大值对应的十进制数为_____。
3. 计算复杂性的度量标准有两个:_____复杂性和空间复杂性。
4. 运算器的主要功能是进行算术运算和_____运算。
5. 从功能结构上看,计算机网络可以划分为两层:外层为_____子网,内层为通信子网。
6. 浮点数的精度由_____的位数决定。
7. 操作系统对 CPU 进行管理的功能被称为_____管理。
8. IPv6 地址的 16 个字节分成若干个段,即每段_____个字节,用 16 进制数表示。
9. 使用_____命令检查网络的连通性以及测试与目的主机之间的连接速度。
10. 每个网卡都有唯一的标识,称为 MAC 地址或_____。

三、数据库(每小题 5 分,共 15 分)

数据库文件 2015AD.accdb 中有"图书"和"销售"两个表。"图书"的表结

构为图书编号（文本型）、书名（文本型）、出版社（文本型）和定价（货币型）；"销售"的表结构为图书编号（文本型）、销售数量（数字型）和销售日期（日期/时间型）。

请写出下列 SQL 命令。

（1）将"图书"表中所有人民邮电出版社出版图书的定价都降价 15%。

（2）查询各出版社所出版的图书种类，并以图书种类的降序显示，如附图 6 所示。

（3）查询图书《中国最美的 100 个地方》2015 年销售总量，如附图 7 所示。

附图 6　图书种类降序显示

附图 7　销售总量

四、设计操作题（本题共 3 道小题，共 55 分）

1. Excel 操作题（本小题 15 分）

将 2015E7.xlsx 文件按下列要求操作，结果以原文件名保存。

Excel 文件：2015E7.xlsx

（1）设置表格标题：黑体、26 磅、加粗、蓝色（RGB 分别为 0、110、200）、下画线、跨 A~J 列合并居中。

（2）用公式计算平均值和总和。

（3）使用函数设置奖励，总和>=800 为"一等奖"，总和>=600 为"二等奖"，其他情况为"鼓励奖"。

（4）用条件格式将 2015 年中，销售额低于对应年度平均销售的单元格字体设置为红色（255,0,0）。

（5）设置表格区域 A2:J20 为蓝色（RGB 为 0、125、250）粗线外框、内部为细线。

（6）生成附图 8 所示的透视图，位置为 A26。

（7）生成附图 9 所示的折线图，放置在 A23:G51 的区域。

26	求和项:总和	列标签		
27	行标签	男	女	总计
28	电器部	4776		4776
29	服装部	1538	1697	3235
30	食品饮料	978	1847	2825
31	**总计**	**7292**	**3544**	**10836**

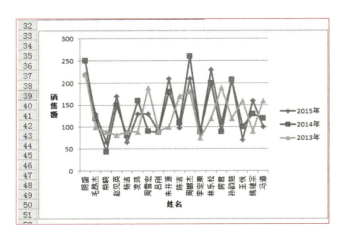

附图 8　透视图样张

附图 9　折线图样张

网页素材：2015web7. rar

2. 网页设计（本小题 20 分）

（1）在设计网页前，首先用“站点”菜单中的“新建站点”命令建立站点 WEB1，站点文件夹为 C:\KS。

（2）一定要在站点中制作网页，即所设计的网页文件必须保存到 C:\KS 文件夹内。

（3）网页设计所需的素材在 2015web7. rar 中。

新建网页，并另存为 A. html 网页，设计要求如下。

① 网页背景图为 bj. jpg，网页标题为“我的网页”。

② 插入文字“罗伯特·诺伊斯”，居中对齐，创建 CSS 样式 C1 用来格式化文字：颜色#CC0000，华文琥珀，36 px，粗体。

③ 插入一个 2 行 2 列的表格，表格居中对齐。第 1 行第 1 列按样张插入表单，其中姓名最多输入 10 个字符，年龄下拉列表框的值为“交通”“物理”“环境”，默认选中“物理”。单选按钮默认选中“喜欢计算机”。

④ 第 1 行第 2 列插入一个图片文件 tu. jpg，图片宽为 157、高为 178，右对齐。文字来自素材包中的 web. txt 文件。

⑤ 第 2 行第 1 列和第 2 列合并单元格，插入“友情链接”超链接，链接到同济大学主页。（www. tongji. edu. cn）。

网页设计样张如附图 10 所示。

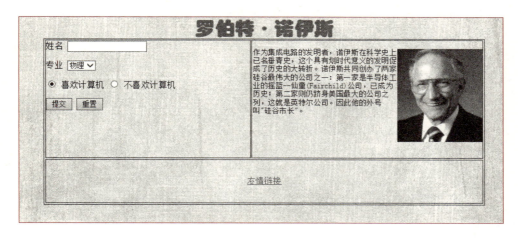

附图 10　网页设计样张

五、算法描述题（本小题 20 分）

用伪代码描述或任意一种程序设计语言实现求解下列问题的算法，要求包含输入和输出。

1. 求表达式 $1+1/2+1/4+1/7+1/11+1/16+1/22\cdots\cdots$ 当第 i 项的值 $<10^{-5}$ 时结束。

2. 用 50 元钱兑换面值为 1 元、2 元、5 元的纸币共 25 张。每种纸币不少于 1 张，求出有多少种兑换方案，并输出每种兑换方案中各币值的纸币各有多少张。

【参考答案】

一、选择题

1. C	2. A	3. B	4. A	5. A	6. A	7. C
8. B	9. C	10. D	11. C	12. D	13. C	14. B
15. B	16. D	17. A	18. C	19. B	20. C	

二、填空题

1. 随机　　　　　　2. 255
3. 时间　　　　　　4. 逻辑
5. 资源　　　　　　6. 尾数
7. 进程（或处理机）　8. 2
9. ping　　　　　　10. 物理地址

三、数据库

（1）Update 图书 Set 定价 = 定价 * 0.85 Where 出版社 = "人民邮电出版社"

（2）Select 出版社, Count(*) As 图书种类 From 图书
Group by 出版社 Order by Count (*) Desc

（3）Select Sum（销售数量）As 今年销售总量 From 图书，销售
Where 图书.图书编号 = 销售.图书编号 And 书名 = "中国最美的100个地方"
And Year（销售日期）= 2015

四、设计操作题（略）

五、算法描述题

1. 伪代码描述如下。

Begin

    s <- 0

    t <- 1

    m <- 1

    i <- 0

    While（t > 10^{-5}）

    {

        t = 1/m

        s <- s + t

        i <- i + 1

        m <- m + i

    }

    Print s

End

2. 伪代码描述如下。

Begin

    n <- 0

    For i <- 1 to 25

    {

        For j <- 1 to 25

        {

            k = 25 - i - j

            If i + 2 * j + 5 * k = 50

```
            {
                    Print i,j,k
                    n <- n + 1
            }
        }
   }
   Print n
End
```

郑重声明

高等教育出版社依法对本书享有专有出版权。任何未经许可的复制、销售行为均违反《中华人民共和国著作权法》，其行为人将承担相应的民事责任和行政责任；构成犯罪的，将被依法追究刑事责任。为了维护市场秩序，保护读者的合法权益，避免读者误用盗版书造成不良后果，我社将配合行政执法部门和司法机关对违法犯罪的单位和个人进行严厉打击。社会各界人士如发现上述侵权行为，希望及时举报，本社将奖励举报有功人员。

反盗版举报电话　　（010）58581999　58582371　58582488
反盗版举报传真　　（010）82086060
反盗版举报邮箱　　dd@hep.com.cn
通信地址　　北京市西城区德外大街4号　高等教育出版社法律事务与版权
　　　　　　管理部
邮政编码　　100120

防伪查询说明

用户购书后刮开封底防伪涂层，利用手机微信等软件扫描二维码，会跳转至防伪查询网页，获得所购图书详细信息。也可将防伪二维码下的20位密码按从左到右、从上到下的顺序发送短信至106695881280，免费查询所购图书真伪。

反盗版短信举报

编辑短信"JB，图书名称，出版社，购买地点"发送至10669588128

防伪客服电话

（010）58582300